確実に稼げる Amazon輸入 副業入門

TAKEZO

ソーテック社

ダウンロード特典

本書掲載のチェックシート＆テンプレートは下記のサイトからダウンロードすることができます。

http://www.sotechsha.co.jp/sp/2009/

また、チェックシートは、付録として275ページにまとめて掲載しているので、あわせてご利用ください。

※ 特典ダウンロードに関しては、著者が独自に提供するコンテンツです。特典の内容に関するお問いあわせ、サポート、保証に関しては、株式会社ソーテック社では対応することができませんのでご了承ください。

Cover Design...Yoshiko Shimizu(smz')

まえがき

Amazon輸入は稼げます！

世の中には、数多くのインターネットを使った「副業」があります。

たとえばアフィリエイト、ドロップシッピング、ＦＸ、最近ではTwitterやFacebookを使って稼ぐ方法などなど本当にたくさんのものがありますが、最初にこれだけは断言しておきます。

「Amazon輸入」は最も早く、確実に結果を出すことができます！

私自身、これまで副業としてさまざまなことにチャレンジしてきましたが、その中で唯一すぐに「まとまった利益」を出せたのがAmazon輸入でした。


「もう少し遊びたいから収入を５万円アップさせたい！」

「空いている時間を使って月に数万円でも稼げればなあ……」


そんなふうに常日頃から思っているサラリーマン、主婦やＯＬのみなさん、副収入を得たいと心のどこかで思っている人がたくさんいることを私は知っています。

今はまだ何も手をつけていない人、ほかのさまざまなネットビジネスを試してはみたものの、いまいち結果が出ていないという人は、ぜひAmazon輸入ビジネスの世界に飛び込んできてください。

「自分の力でもお金を稼げるんだ！」

この感覚をはじめて味わう瞬間も、すぐにやってくるでしょう。

さらに「**Amazon**輸入」は取り組めば取り組むほど「利益」が増大していきます。可能性という点ではまさに青天井です。実際、月商1000万円レベルの人も私の周りにはゴロゴロいます。

この本ではゼロからはじめる初心者のために、チェックシートを使いながら詳しく解説していきます。念を押しておきたいのは、私は**Amazon**での輸入販売をするうえで、特に変わったことはしていないということです。それでも普通のサラリーマン並には稼げるようになり、なんとか独立することができました。つまり、**輸入ビジネスは「基本」さえ理解すれば誰でも稼ぐことができるのです**。セオリーどおりのノウハウですが、これから本書にてたっぷりと紹介していきたいと思います。

TAKEZO

目次

第2章 準備編 各種登録作業を完璧にする

第3章

実践編 3・3・3 Amazon輸入実践法

第4章

発展編 ライバルに差をつけるテクニック

第5章 カスタマー編 お客様への対応

第1章

基礎編

「Amazon輸入」ビジネスの基礎知識

STEP 01 「何をどうしたらいいのか？」がわかる！

3つのステータスとは？　はじめての不安を解消するプログラム

大公開！　3・3・3 Amazon輸入実践法

この本では、副業、個人輸入の未経験者、初心者、やってはいるもののなかなか成果が出ない人を対象に、ゼロから本当に詳しく説明していきます。

一度でも個人輸入・転売を経験したことがある人は、一連の流れが何となく理解できているかと思います。逆に、まったく経験のない人は、恐れる必要がないことまで不安を感じたり、迷ったりしていることが多いでしょう。

この本に書かれているプログラムのステップに沿って実践していけば、次のことができるようになります。

■ **この本でできること**

- ◉ ゼロから副収入を得る
- ◉ 空いている時間を使ってお金を稼ぐ
- ◉ 収入を5万円アップさせる
- ◉ 通勤時の満員電車に乗らない生活
- ◉ セミリタイア

プログラムに添って実践することで、一定の成果が得られやすくリスクを減らすことができます。

ここでは3つのステータスに分けて実践すべき行動を決めています。

■ **3・3・3 Amazon輸入法（3ステータス・3ステージ・3ステップ）**

図❶

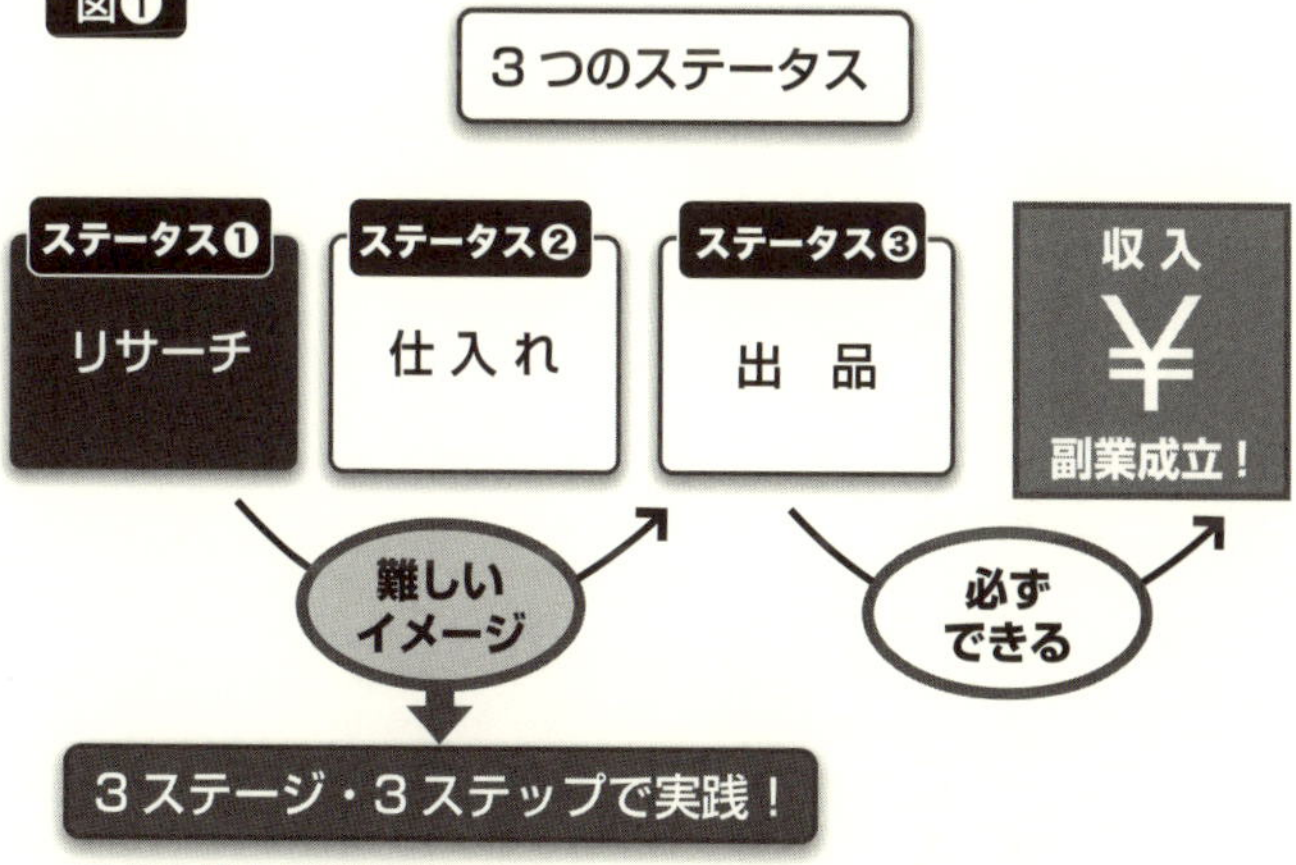

※ 第3章から詳細解説します

知っておきたい3つのステータス（図❶参照）

ステータス❶ リサーチ
ステータス❷ 仕入れ
ステータス❸ 出品

「個人輸入って実は面白そう！　やってみたいけど……大変そう」

この、**最初の一歩をクリアすることが一番難しい**と感じるかもしれません。まずはここを突破していきます。まずあなたが取り組むべきは、この**ステータス❶ リサーチ**です（図❷参照）。

この本では個人輸入、転売、輸入ビジネスのコツを包み隠さずにご紹介していきます。

「彼を知り己を知れば百戦殆うからず」

相手を知ればやるべきことが見えてきます。まずは徹底的に知ってください。徐々に副業としての輸入ビジネスを身近に感じていくことからはじめましょう。

⚠ Amazon輸入をスタートする際の最初の一歩

ステータス❶ リサーチ

ステージ❶ セラーリサーチ

最初の一歩をうまく踏み出しましょう。「輸入」が難しいのではなく、「はじめて経験すること」だから難しく感じるだけです。ここをクリアした人は、**必ずといっていいくらい輸入ビジネスの面白さを実感できる**はずです。

ステータス❷ 仕入れ

商品リサーチで儲かりそうな物が見

図❷

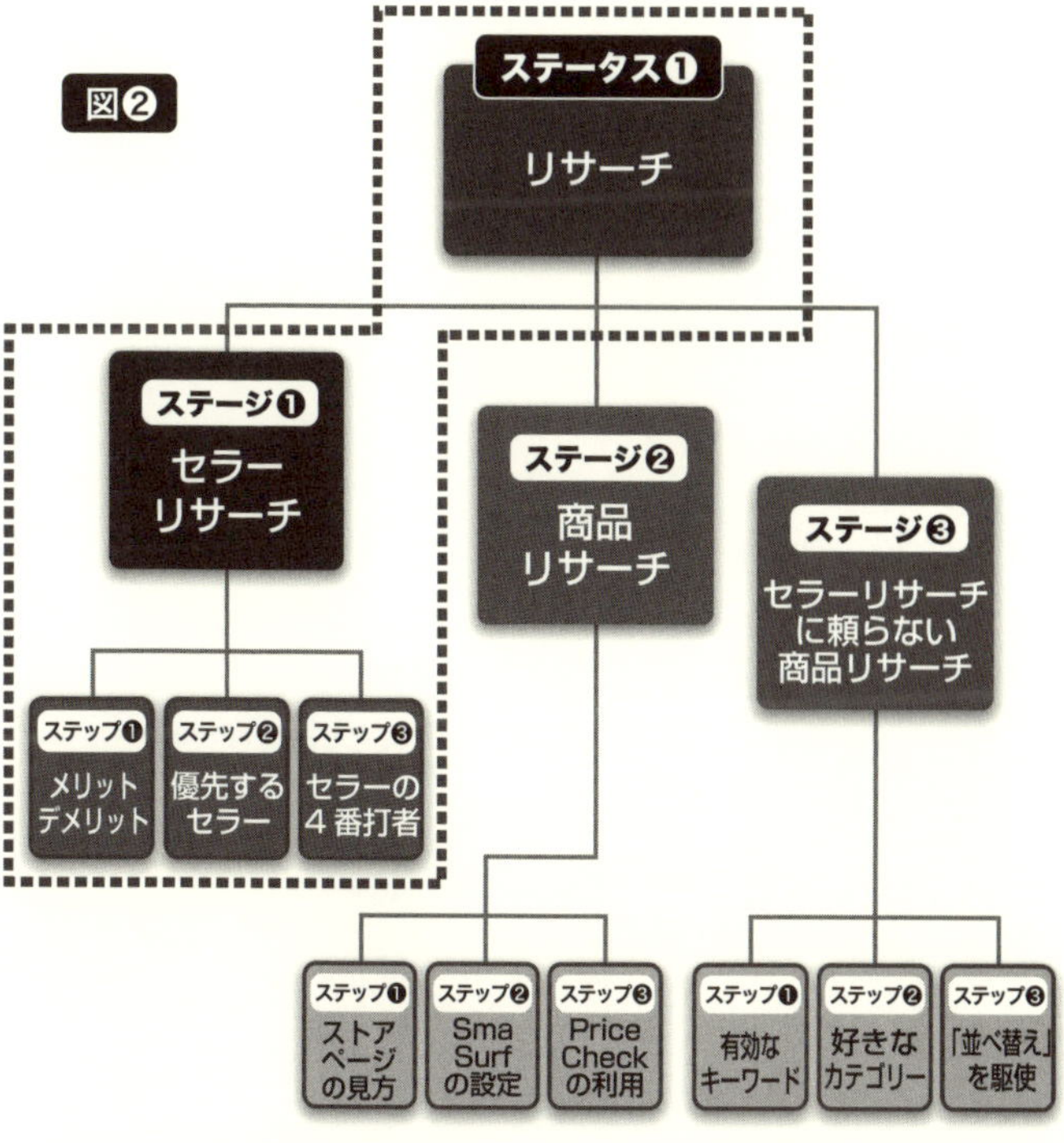

つかったら、いよいよ仕入れを行いましょう。

ステータス❷ 仕入れ
↓ステータス❸ 出品↓Amazonからの入金

最初に断っておきたいのですが、誰もが輸入ビジネスで華々しく稼げるわけではありません。

「いきなりそんなことを言われるなんて……だまされた！」

そう思ったかもしれませんね。ですが、ちょっと待ってください。このビジネスは続けることが何より大事になってきます。慣れるまでは大きなことは期待できません。すぐに結果が出ないからとあきらめていった人たちを私は何人も知っています。あと少しのリサーチ、あとわずかの時間を費やせば、今ごろ悠々自適の生活を送っているかもしれない人が多いのも事実です。

この本では全体の流れをつかみながら少しずつ理解することで、楽しく確実にお金に変えていく方法を紹介していきます。

⚠ 輸入ビジネスを経験したことがない人が実践する3つのステップとは？

☑ 最初はリサーチがいちばん大事（図❸参照）

実際にゼロから副業としての輸入ビジネスをはじめる人が実践するために、まず最初の**ステージ❶ セラーリサーチ**では3つのステップを理解しながら進めていきます。

ステージ❶ セラーリサーチで初心者が実践する3つのステップ

ステップ❶ メリットとデメリットを把握する
ステップ❷ 優先すべきセラーを見つける
ステップ❸ 販売経験豊富なセラーの「4番打者」商品をマネする

ステップ❶ メリットとデメリットを把握：初心者と経験者の大きな違いは、「**この先の展開がどうなるかわかっている**」ことだと思います。初心者の人は、次に何をするのかわからないため、余計な神経を使ったりストレスを抱えます。

はじめての分野へのチャレンジをすることで、自分の貴重な時間、そしてお金をかけていきます。**なるべくストレスを減らすために、最初に全体の流れを把握してください。**全体を把握してから、各工程のチェック作業を行っていくことで、次に何を行うのか「心がまえ」ができ、効率よく作業を進めることができます。

ステップ❷ 優先すべきセラーを見つける：いよいよ具体的な作業に入っていきます。とはいっても決して難しいことはありません。この本では初心者がつまずかないために多くの画面キャプチャ、そして解説を加えていきます。

ステップ❸ 販売経験豊富なセラーの「4番打者」商品をマネする：ある程度実践を積んでいるセラーはそれぞれ「主力商品」というものを抱えています。それは野球でいえば「4番打者」にあたるくらい、そのセラーの稼ぎ頭といえるものです。セラーリサーチ、商品リサーチをしていく過程でその

輸入ビジネス初心者が実践する3つのステップ

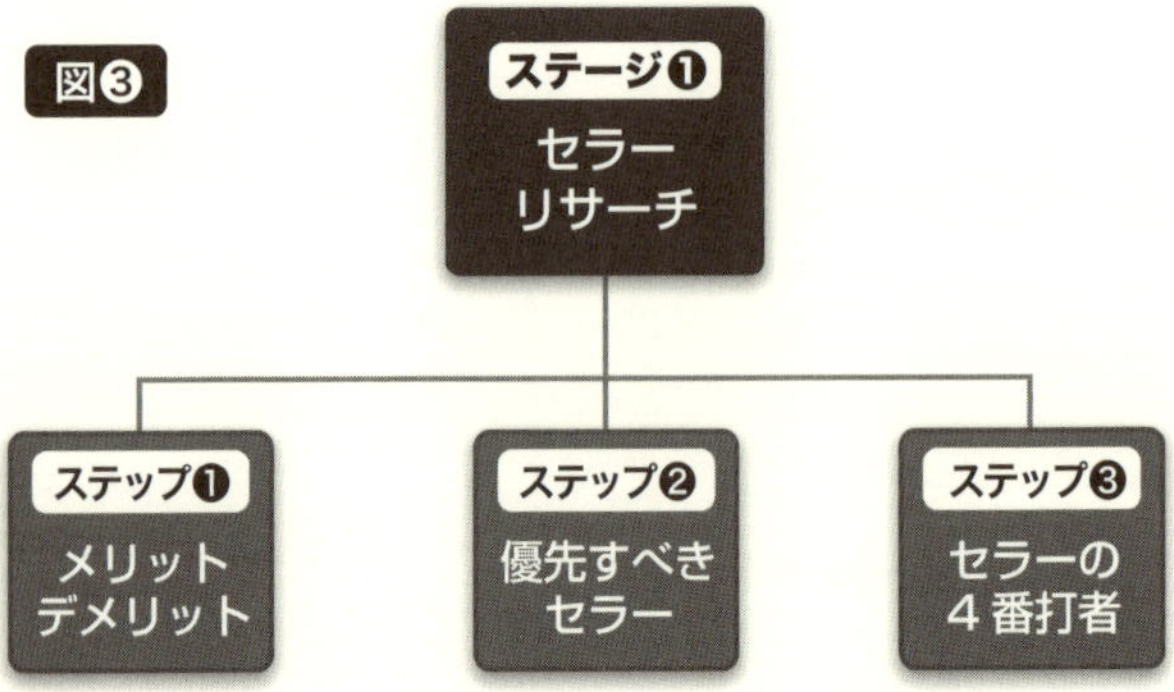

ようなことを頭の片隅に入れておくことで、思いもよらないいい商品と巡りあったりします。では、それらはどのように見抜くべきなのでしょうか。その方法を教えます。

副業で収入を得るためには、実際にはじめなければ話がはじまりません。どんなに知識を身につけても、実際に行動しなければ取り組む意味がないでしょう。趣味レベルでいいのであれば別ですが、実践してしっかりとお金に変えていくのがこの本の目的です。

この1冊だけでゼロからのスタートですぐに成果を挙げることができる！

ここまで細かい部分を説明しましたが、ここでは大まかにこの本で紹介する各章の流れを説明しておきます。全体的な流れをつかんでから実際に進めていきましょう。

第1章：【基礎編】

初心者のみなさんが知っておくべきことを中心に説明します。徐々に副業、転売ビジネスを理解していきます。輸入ビジネスを開始するにあたっては大事な部分になります。

第2章：【準備編】

このビジネスはインターネットがメインとなるため、どうしても各種登録作業が必要になります。また、クレジットカードを使用して行うため、そのしくみを頭に入れておくことが大事です。初心者でも簡単に楽しく継続するための必要知識を身につけていきます。

☑第3章：【3・3・3Amazon輸入実践編】

この本の肝となる部分です。基礎知識を身につけたら、3つのステップ・3種類の方法で実際にAmazon輸入の世界へ足を踏み出します。この本は「副業」をなるべく今の生活スタイルを変えることなく、段階を踏んで取り入れることを目指します。楽しみにしていてください。

☑第4章：【発展編】

3章までで初歩的なテクニックを十分に理解したあとは、ライバルに差をつける方法をご紹介します。難しいことはありません。ただ作業が少し煩雑なだけです。ここをやるかやらないかで大きく差がついてきます。この作業を確実に行ってライバルよりも1歩先を進みましょう。

☑第5章：【カスタマー編】

Amazon輸入をやる以上、というよりも何かビジネスをすればそこには必ず「お客様とのやりとり」が存在します。お客様には真摯に対応すれば問題は起こりません。ネット上とはいえあなたはお店の経営者です。お客様対応とビジネスを進めるうえでの心がまえを理解していきます。

STEP 02
副業に最も適しているビジネスモデル

⚠「Amazon輸入」って……何？

☑ 日本のAmazon内にお店を持つ

この本で紹介していく「Amazon輸入ビジネス」とは、世界最大級のショッピングサイト「Amazon」を利用した個人輸入のことです。

一言で言えば、**「海外と日本の価格差がある商品を見つけ、海外からその商品を輸入し、日本のAmazonで売る」**ということになります。

世の中にあふれる「モノ」の価値は、人が住んでいる場所、地域、そして「国」によって大きく異なります。私たち日本人は日本に住んでいるので、世界と比較しての物の価値、価格の違いを実感する機会はあまりありません。価格差を感じるときといえば、たとえばどこかのテーマパークに行ってドリンクを買おうとしたとき、「こんなに高いの!?」と感じたり、雑貨屋などが立ち並ぶ商店街で何かを買ったあとに、「あっちの店では500円だったのに、こっちは350円じゃん……!」などと小さな後悔をしたりするときでしょう。ただ、たとえ「価格差」を感じるとしても、その差はわずかなはずです。

☑こんなにも違う価格差

では、「国」が違うとどうなるでしょうか。左頁の商品をご覧ください。

日本の**Amazon**で販売されているこの商品の最安値は1万1481円です。まったく同じ商品をアメリカの**Amazon**で探してみると約58・95ドルで売られていました。1ドル100円で計算すると、この商品の販売価格は約6000円。

アメリカでは約6000円で売られている商品が、なんと日本ではほぼ倍の1万1000円で売られているわけです。もし、このような商品を数多く見つけて、それを日本で、しかも信頼度抜群の「**Amazon**」で販売できるとしたら……少し想像するだけでもその「可能性」を感じることができませんか?

■ アメリカAmazonと日本Amazonの価格差

日本のAmazon「Amazon.co.jp」

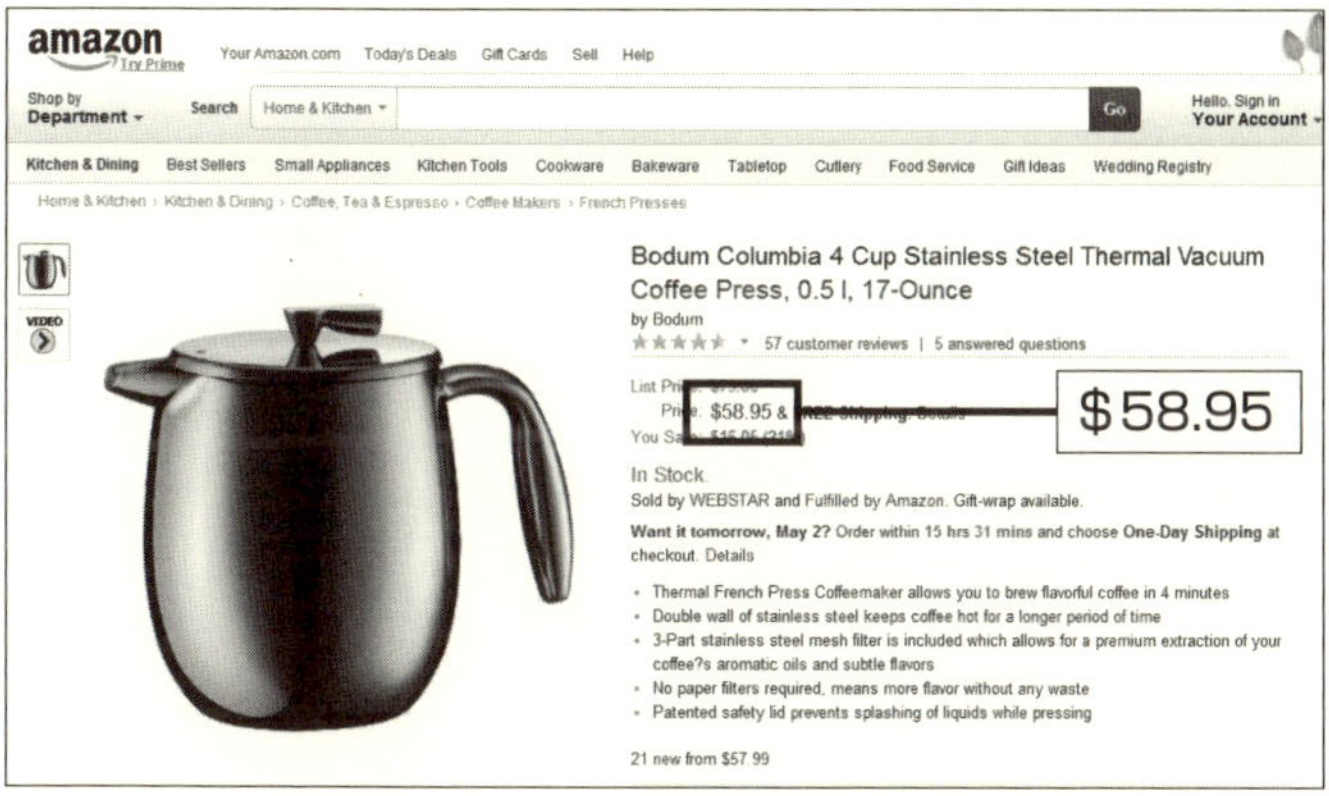

アメリカのAmazon「Amazon.com」

ほぼ倍の値段がついている！

⚠面倒な作業がいらない！

☑パソコン1台さえあればいい！

まだまだすごいところがこのビジネスにはあります。

「**Amazon**輸入」の中でも最も注目すべきなのが、「**実際に自分では商品を見ることもなければ、触ることもない**」という点です。どういうことか説明していきましょう。

輸入ビジネスとは、何か商品を探してきて売る作業であり、わかりやすく言えば「転売」です。

有名なものでは、ブックオフで１００円の本を買ってきて「**Amazon**マーケットプレイス」や「ヤフオク！」で中古品として売る「せどり」があります。この過程の中で避けて通れないのが、「検品」「梱包」「発送」です。

しかし、**Amazon**輸入は、この3点を外注化できてしまうという大きな特徴があります。これがこのビジネスの最大の武器ともいえるでしょう。

「外注化」と聞くと何かとっつきにくいイメージもありますが、そんなことはまったくありません。**パソコン1台でどこにいても作業が可能**なのです。極端な話、海外旅行をしながらでもすべての工程を完結させることが可能です。これが**「副業に最も適している」と言われている、**

Amazon輸入の最大の特徴です。

「それなら自分でもできるかも！」
「ちょっとやってみようかな？」

そう感じている人もいるかと思いますが、思い立ったらぜひ挑戦してみましょう！
具体的にはどのようにはじめればいいのかは第2章 **STEP 04** （54ページ参照）から詳しく解説していきますね。まずは、輸入ビジネスの概要をもう少しだけ説明させてください。

お客様の代わりに輸入して付加価値を生むビジネス

☑ 価格の差異が利益になる

私たち日本人の多くは、海外で販売している輸入品を買いたいときに、「日本のお店」や「ネット通販」で購入するのが普通です。もしも、私たち個人がほしい品物を直接海外から購入しようとした場合、多くの人が躊躇しますよね。まず感じるのは次のような理由です。

「言語の壁がある」
「自分では輸入できない」
「だまされそうで怖い」

そして、いざ日本で「輸入品」を買う場合、お客様はその商品が海外ではいったいいくらで販売されているかそもそも知らない、知る機会もないというケースがほとんどでしょう。そのような人たちの代わりに商品を代行して輸入し、適正な価格で販売していきます。そこには大きな付加価値があるといえるのではないでしょうか。

つまり**「輸入品」という、普段あまり触れる機会のないものを私たちが代わりに輸入することは、お客様のリスクを軽減し価値を提供することにつながります。**そのときに生じる価格の差異が、そのまま「利益」になるのです。これが「輸入ビジネス」の原理です。

円安なんて関係ない！

あせって「輸出ビジネス」に流れる前に

「今は円安に傾きつつあるから、そもそも輸入ビジネス自体が厳しいのでは?」

こう思う人は多いと思います。実際、私が輸入ビジネスをはじめた当初は1ドル80円くらいでしたが、今は100円を超えています(2014年6月時点)。単純に計算すれば、100ドルの商品を日本円にして8000円で仕入れることができた物が、現在では1万円を出さないと仕入れることができないのです。

このように、昨今は「輸入」という市場全体が厳しくなってきたと思われがちです。実際、ニュースや新聞でも「輸出産業が好調」という話題を目にする機会は多いものの、「輸入」という言葉が聞こえなくなってきたのは事実です。

でも安心してください。そもそも私たち実践者は「利益を出さなければ意味がない」ため、一つひとつの商品を同じ価格で販売し続けることなどあり得ません。

ここで少し考えてみてください。1ドル80円だった相場が100円になっても、物品自体の日本での販売価格は80円のときと同じ価格で据え置きされるのでしょうか?

実は為替が円安に動いた場合、それに比例して物の値段は自然と上がっていくものなのです。

結果として一つひとつの商品の利益は変わらないという事実をご存知ない人が多いかもしれません。

まさに灯台下暗し、これに気づかないで輸入ビジネスをあきらめてしまう人、あせって輸出ビジネスに走り、思うような結果が出ないという人がたくさんいます。

円安になれば日本での販売価格は上がり、また、円高になれば販売価格は下がる、これが輸入ビジネスの原理原則です。

そこに生じる利益の幅は常に一定であり、極論として、円安になろうが円高になろうが、ビジネスそのものにはまったく影響がないということがいえるのです。

■ 為替が円安に動けば比例して物の値段は自然と上がっていく

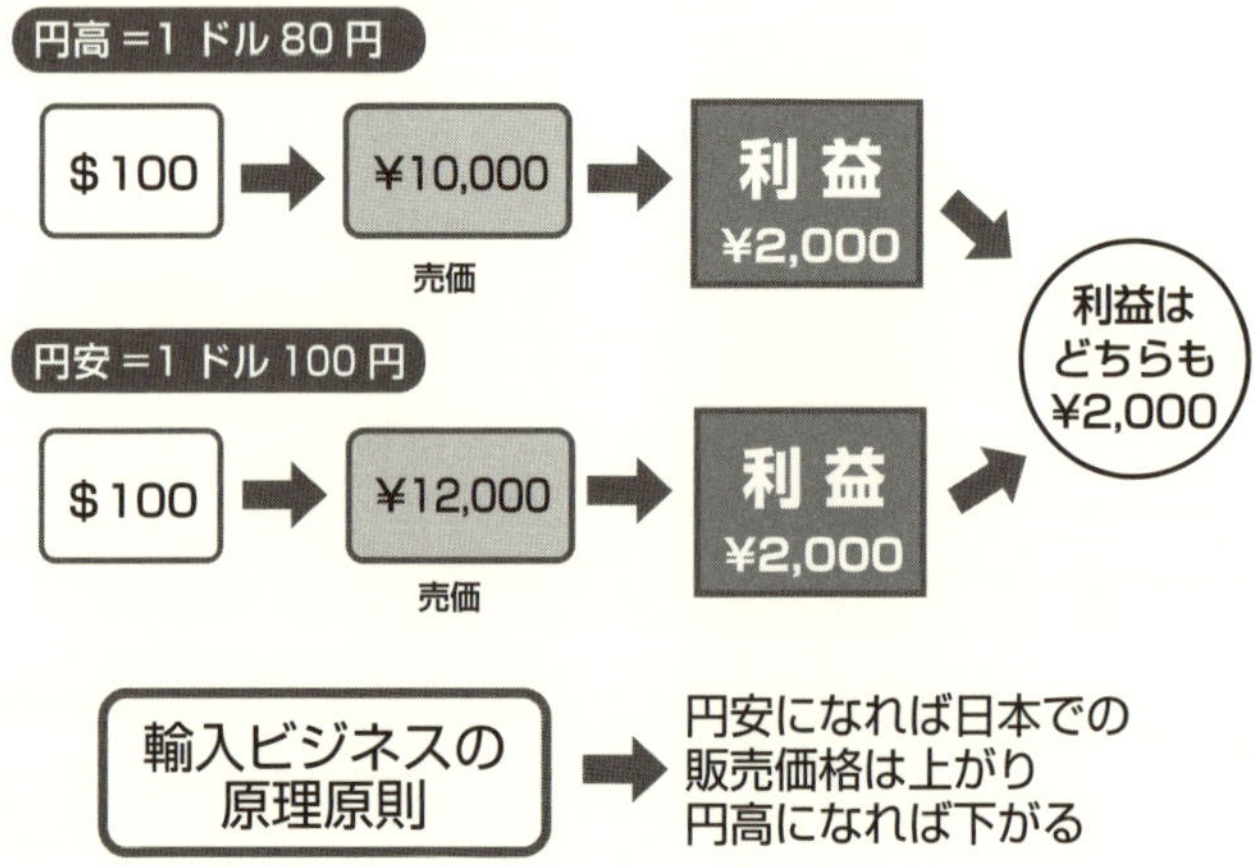

⚠ パソコンスキルは必要ない！

☑ ネットサーフィンさえできればいい！

これからみなさんが取り組もうとしているのは、「ネットで商品を仕入れて、ネットで販売する」ビジネスです。つまり、間違いなく「パソコン」を使う必要があります。ですが私自身、まったくパソコンに詳しくありません。できることといえばネットサーフィンと、**Excel**への簡単な入力のみ。**Excel**の「並べ替え」すらまともにできず、CドライブとかDドライブといわれても、それが何であるのか、どのように使い分けるのかなど、恥ずかしながら説明できません。そんな私でも問題なく成果を出し続けていけるのが**Amazon**輸入です。

私と同じようにパソコンが苦手な人、ご安心ください。**インターネットをたまに閲覧することができるという最低限の環境とITレベルで確実に取り組めて、成果を挙げることができます。**

たとえば「ネットショップ」での販売を実践しようとした場合、そこには「SEO」や「PPC」といった知識が必須となってくるでしょう。私自身、そんな知識は1ミリも持ちあわせていません。難しい知識は必要なく、すんなりと参入していくことができるのが**Amazon**での輸入ビジネスなのです。

⚠ 語学力も必要ない！

☑ 翻訳サイトですべてOK！

パソコンの知識やスキルと同じく必要ないものが「語学力」です。海外のサイトで商品を仕入れることに抵抗を感じる人もいると思いますが、心配する必要はまったくありません。

たとえば、アメリカの**Amazon**のページのレイアウトは日本とほぼ同じであり、ページを移動していくときに押すボタンなどの配置も日本と同じです。アメリカにかぎらず、一度さまざまな国の**Amazon**のサイトを見てみてください。ほぼ全世界共通で、画面を見ながら感覚的に操作できるのが**Amazon**のすごい点だと感じることができると思います。

しかも、現在では**無料の翻訳サービスが充実しています。「Google 翻訳」などを使えば英語のサイトを一瞬で日本語に変換できます**。私も含め、輸入ビジネス実践者の中で英語がペラペラという人はかなり少数です。私の周りの実践者にも、そのような人はほとんどいません。

このように、語学力がなくても取り組めてしまうのが「**Amazon**輸入」です。逆に、多くの人が「語学力がないから私には難しい」と感じ、イメージだけであきらめてしまうのです。ここに気づけるだけでも、ライバルから1歩も2歩もリードしているといえるでしょう。

■ **翻訳サービス**

- ◉ Google翻訳：https://translate.google.co.jp/?hl=ja
- ◉ エキサイト翻訳：http://www.excite.co.jp/world/
- ◉ Yahoo!翻訳：http://honyaku.yahoo.co.jp/

クレジットカードで仕入れる

☑ カードは多ければ多いほどいい

Amazon輸入では、基本的にはクレジットカードを使って仕入れを行います。

私自身、現金がまったくない状態からこのビジネスを開始しました。

必要となるのはクレジットカードの「限度枠」です。限度枠が大きければ

■ Google翻訳

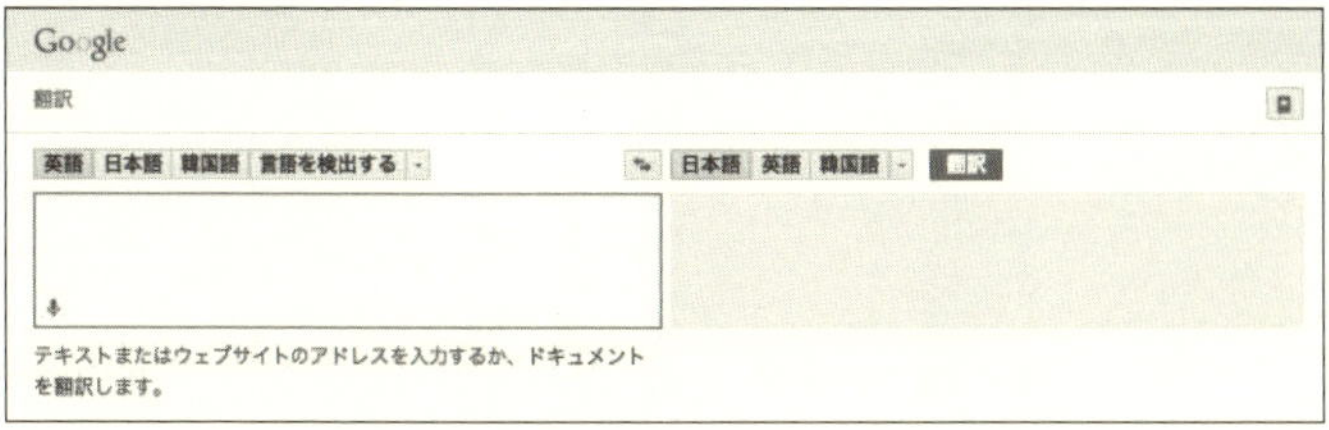

ば大きいほど、ビジネスを大きく、そして優位に展開できます。

輸入ビジネスを進めていくことと並行して月に2枚、新規のカードを申請していくのがいいと思います。カードの必要枚数の目安としては、月に5万円の粗利がほしい人は2枚、10万円をねらっている人は4枚あればいいでしょう。

また、たとえば**月末締めのカードで仕入れを行う場合、仮に7月1日に仕入れを行うと、支払いは8月末になるので、支払いまでに約2カ月の猶予ができることになります。この猶予を活かし、仕入れた商品を2カ月以内で売り切ることを意識してビジネスを展開していくと、資金を円滑に回していくことができます。**

そして、つくったカードについては自分の手帳や**Excel**に「ショッピング枠」「キャッシング枠」「締め日」「支払い日」を一覧にして記載しておきましょう。もしわからない場合は各カード会社に問いあわせて聞いてみます。「前倒しで返済したら枠は復活するのか?」なども確認しておくといいでしょう。

クレジットカードについては **STEP 06** (73ページ参照)で詳しく解説していきます。

⚠「Amazon輸入」の流れを理解しよう

☑まずは自分でやってみる

STEP 01の最後に、**Amazon**輸入の大まかな流れをもう一度おさらいしておきましょう。

■Amazon輸入の流れ

❶リサーチ　❷仕入れ　❸荷物の到着　❹転送　❺到着　❻納入　❼出品　❽発送　❾入金

❶**リサーチ**：まずは商品のリサーチが重要です。この本では商品リサーチの前に販売者である**「セラーリサーチ」を重視**します。その後、商品リサーチへと移っていきます。

❷**仕入れ**：リサーチをした商品群を、クレジットカードの締め日の翌日に一気に仕入れます。

❸**荷物の到着**：それらの仕入れた商品が、まずアメリカ国内にある「転送業者」にまとめて届きます（「転送業者」については153ページのSTEP 13で詳しく説明していきます）。

❹ **転送**：転送業者のホームページ上から、「届いた商品を日本へまとめて送ってください」という指示を出すことで、**「国際送料」を最小限に抑える**ことができます。

❺ **到着**：数日後に商品が日本に届きます。これを**Amazon**の倉庫に納入するのですが、納入方法には2つのパターンがあります。

❻ **納入**：1つは商品を自宅に送ってもらい、自分で商品ラベルなどの貼りつけをしてから倉庫に送るパターン。もう1つは「納品代行業者」を利用するパターンです。自宅に商品を送るのではなく、日本にある納品代行業者に商品を送り、検品やラベル貼り、倉庫への納入までのすべてを代行してもらう方法です。「パソコン1台ですべての工程を完結させる」ためには、このような代行業者の利用も視野に入れる必要がありますが、**まずは自分で検品やラベル貼りなどを行い、流れを一通り確認したあとに、このような業者さんの利用を考える**というのもよいでしょう。

❼ **出品**：**Amazon**の倉庫に商品が到着次第、「自動的に」商品が日本の**Amazon**に出品されます。

❽ **発送**：めでたく商品が売れると、倉庫から自動的にお客様のもとへと即日出荷されていきます。

❾ **入金**：売上から手数料を引かれた金額が自分の出品アカウントに計上されていき、それが2週間単位で自分が設定した銀行口座に振り込まれていきます。

このような一連のサイクルを経ていくのが「**Amazon**輸入」というビジネスです。

クレジットカードでの購入金額の支払いが気になる人もいるかと思いますが、**正しく実践をしていけば入金額が2カ月後のクレジットの支払いを下回ることはありません。**本書では、その「正しい実践法」を詳しく解説していきます。

Amazon輸入のポイント

- ◉いちばん稼ぎやすい副業
- ◉PCスキルがいらない
- ◉語学力も必要ない
- ◉クレジットカードが必要

STEP 03 なぜ「Amazon」なのか？

成長を続ける全世界共通の巨大ショッピングモール「Amazon」

STEP 03 では、なぜ輸入ビジネスを行ううえで「**Amazon**」を利用するのが一番いいのかについて説明をしていきます。

世界中の人が利用している

まず、私たち日本人のほとんどは、**Amazon**という言葉、そしてそれが「インターネットでモノが買えるお店」ということを知っていますよね。それは日本だけでなく、世界を見渡してみても同じことがいえると思います。実際、**Amazon**に「お客様」として登録している人の数は、こうしている間もどんどん増え続けています。最初はアメリカにしか存在しなかった**Amazon**も、日本を含め、今では世界12カ国を拠点にその販売力を拡大し続けています。登録しているお客様、ユーザー数は現在アメリカのAmazonだけでも3億人にまで膨れ上がっており、その勢いは留まるところを知りません。それはいうまでもなく**「世界最大のショッピングサイト」であることを意味し、ユーザー数の増加とともに商品の数も増加の一途をたどっています。**

Amazonのロゴに記された「a→z」は、アルファベットの最初から最後までを意味しています。Amazon自体のコンセプトである「ここで買えないものはない」という状態になるのは、そう遠い日ではないでしょう。なぜ「ナイル」ではなく「アマゾン」なのか。そんなことを考えてみるのも面白いかもしれませんね。

Amazonで販売できる圧倒的優位性

☑「とりあえずAmazon」という安心感

次に、Amazonの「販売力」についてです。私たちがインターネットでモ

■ aからzまで、すべての物がそろうことを意味するamazonのロゴ

ノを買おうとした場合、GoogleやYahoo!などの検索窓にほしい商品の名前を打ち込みます。そのときに、検索結果の上位に表示されるのはほとんどの場合がAmazonのページだと思いませんか?

これはAmazon自体が考えられないほどの広告費を投じているからです。たとえ私たちがその商品を出品したとしても、その検索結果に変化はありません。

基本的にAmazon輸入は日本のお客様をターゲットにします。約1億3000万人といわれる日本人の中に、たった1人でもその商品を買おうと考えるお客様がいればその商品は売れていきます。しかも「とりあえずAmazonで買っておけば安心!」と考える人はかなり多いのです。

☑月額4900円でAmazonに開店しよう

そのAmazonに月々4900円を払うだけで、個人が商品を置いてもらえるのです。アマゾンの販売力があれば、その元手はたやすく回収できるでしょう。

Amazonで商品を売る。商品はAmazonが管理し、売れたらAmazonが責任を持って発送してくれる。仮に返品・返金対応などを求められた場合でも、Amazonが対応してくれる……これがいかに楽であるか、想像してみてください。たとえばヤフオク!などのオークションサイトでの販売経験がある人は、身に沁みてわかるのではないでしょうか。

■すべてAmazonがやってくれる

◉集客　◉商品陳列　◉販売　◉商品管理　◉即日発送　◉カスタマー対応

⚠フルフィルメント・バイ・アマゾン（FBA）を駆使する

☑FBAのおかげで成り立つビジネス

Amazonには、私たち一個人が販売を行っていくにあたって、とてもとても便利なサービスがあります。それが「フルフィルメント・バイ・アマゾン」、その頭文字をとって「FBA」と呼ばれるものです。**このシステムは商品が売れたとき、Amazonが勝手に発送を行ってくれるというものです。**

このしくみのおかげで、たとえば「自宅に大量の商品を置いておいて、売れたらそのたびに発送」というような、**個人が最も手間のかかる「発送」を完全に省略することができます。**

☑「FBAセラー」として販売を優位に展開

簡単にいえば、次のようなサービスになります。

「あなたの売りたい商品をAmazonの倉庫に置いてあげましょう。売れたら梱包して発送までしてあげますよ。しかも即日です」

つまり、商品をAmazonの倉庫に送ってしまえば、あとは売上の入金を待つだけとなるわけです。

FBAを使った出品者のことを、この本では「FBAセラー」と呼んでいきます。私たちは、その「FBAセラー」としてAmazon輸入を行うことで、販売を優位に展開できるのです。

そればかりか、商品の発送の手間などから解放され、たとえ副業であっても効率的に稼いでいくことが実現可能となるのです。

■ FBAサービスの流れ

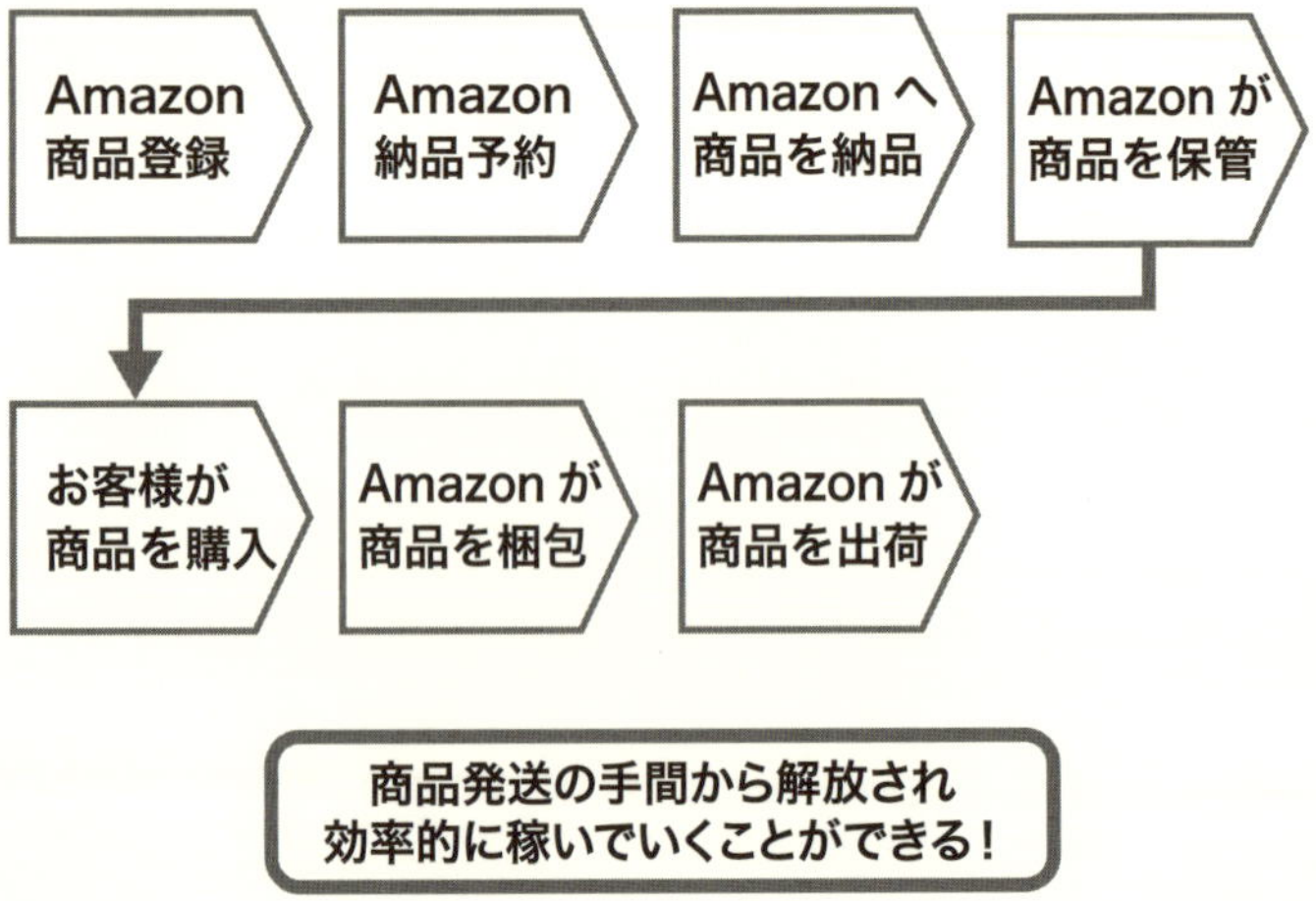
Amazon 商品登録
Amazon 納品予約
Amazonへ 商品を納品
Amazonが 商品を保管
お客様が 商品を購入
Amazonが 商品を梱包
Amazonが 商品を出荷
商品発送の手間から解放され
効率的に稼いでいくことができる！

⚠ FBAセラー最大の武器「ショッピングカート（カートボックス）」

☑ カートボックスのしくみを理解しよう

Amazonで商品を買ったことがある人はわかると思いますが、商品ページには「新品」「中古」「コレクター商品」などなど、何やら小さい文字で書いてあります。

「はっきりいってよくわからない、というかそこまで見るのが面倒くさい！」

こう思う人がほとんどではないでしょうか？

あるお客様が商品のトップページを見ていたとします。

「3000円？　送料無料？　よし買おう！」⬇クリック

このようなお客様が大半のはずです。そして、そのトップページに表示されるのが、実は「FBAセラー」である可能性が極めて高くなっています。これは**Amazon**の「ショッピングカート」

と呼ばれるしくみのためです。

そのショッピングカートを獲得するという面で、ＦＢＡセラーは商品を自分で発送する「自己発送セラー」に比べて圧倒的に有利なしくみになっています。しかもそれが「自己発送セラーよりもかなり高い価格の場合でも」です。

たとえばある商品を８０００円で売っている自己発送セラーがいるとします。その商品のショッピングカートの価格は1万円。よく見るとショッピングカートを獲得しているのはＦＢＡセラー。この場合、1万円でＦＢＡ出品をすれば、同じようにショッピングカートを獲得することができます。つまり８０００円の自己発送セラーよりも売れる可能性が格段に高いのです。

Amazon自体がそのようなシステムで運営をしているのであれば、それを利用しない手はありませんよね？

■ＦＢＡセラーの強み

- ◉ショッピングカートを獲得できる
- ◉売れたときに梱包して発送までしてくれる
- ◉しかも「高く売れる」

⚠ 転送業者に「海外発送不可」商品を日本に送ってもらう

☑ まずはアメリカの住所を確保することから

輸入ビジネスを実践している人の大半は、「転送業者」というものを利用しています。

「いい商品を見つけた」⬇「輸入しよう！」⬇「でもよく見ると、海外への発送不可だ……」

残念ながらそのような商品は多々あります。そこで出番となるのが転送業者です。

アメリカに倉庫を借り、アメリカの住所を確保することで、そこにいったん商品を送り、そこから日本へと輸入ができるのです。これで海外発送不可の商品も輸入することができるようになります。しかも、商品が多ければ多いほどその輸送コストを抑えることができるようになります（「薬事法」「食品衛生法」の関連で輸入規制がある商品もあります）。

代表的な転送業者として「**MyUS**」や「輸入**com**」があります。それぞれ価格や使いやすさが変わってくるので、まずは自分にあった転送業者を探してみるのがいいでしょう。

本書では STEP 13（153ページ参照）で**Amazon輸入で多くの人が活用している転送業者「MyUS」の使い方や注意点を説明していきます。**

⚠「納品代行業者」を利用して時間と労力を短縮

☑カンタン副業への最短ルート

MyUSなどの転送業者から商品をまとめて日本に発送します。では、その商品はまずどこに届くのでしょうか？

自分の家に送っているという人も多いでしょう。しかし、**本書ではあくまでも「パソコン1台ですべての工程を完結させる」ことにこだわりたいので、「納品代行業者」というものの利用をお勧めします。**

納品代行業者とは、検品や商品ラベルの貼りつけ、さらに**Amazon**のＦＢＡ倉庫への発送までを代行してくれる業者のことです。**Google**で「ＦＢＡ　納品代行」などと検索するといくつか出てきます。もちろん商品を実際に見ることも大切なので、まずは転送業者から自宅に送ってもらい、自分で検品や梱包やラベル貼りをしてみることもいいでしょう。

■納品代行業者にお願いするメリット

◉検品、梱包、ラベル貼りをやってくれる
◉商品点数が増えると大変になる部分をやってもらえる
◉空いた時間をリサーチに費やすことができる

いかがだったでしょうか。冒頭の第1章では少しページ数を割いて説明してきましたが、ビジネスをはじめる前にそのしくみ、心がまえを理解したうえで進めることは重要です。

「これなら自分にもできそう」
「やってみたい！」

そう思ってもらえたらうれしいです。
第2章からは具体的に進めていきます。まずは各種登録作業からです。はりきっていきましょう！

コラム Amazonに出店すること＝世界に出店すること

◆無数のお客様を24時間相手にできる

これからインターネットを使ったビジネスをしようと考えているあなたに、1つだけ頭に入れておいてもらいたいことがあります。それは「無数のお客様を相手にできる」という点です。

たとえば、あなたが、あなたの住む街で飲食店を開くとします。1日にお店に来てくれるお客様は何人くらいいるでしょうか？

次に、もしもインターネット上にあなたのお店を開いたら……と想像してみてください。世の中にあふれているパソコンの数は、今では1家に1台といってもいいでしょう。日本全国にあるパソコンからあなたのお店には24時間、昼夜問わずお客様が来店し続けてくれるはずです。

仮に、あなたの街であなたが開いたお店のお客様の上限を1万人としましょう。それに対し、インターネット上にお店を開いた場合、日本の人口そのものがお客様になり得ると想像できないでしょうか？

◆全世界がお客様になる可能性を秘めている

この本では、基本的には「売れる商品」を扱うことを前提として話を進めていきます。しかし、そこまで売れていない商品でも、日本にたった1人でもその商品がほしいお客様がいれば売れる可能性がある……そう想像できませんか？

さらに言えば、最近では少しずつですが商品の「海外発送」というシステムが構築されはじめています。今現在、海外発送対応のジャンルは「CD・DVD・ゲーム」くらいですが、今後はすべての商品がその対象になることも大いにあり得ることなのです。

つまり、日本だけでなく全世界がお客様になる可能性すらあるのです。

インターネット上にお店を出すこと、Amazonに出店することの大きな可能性を意識して、ぜひともこの世界に飛び込んできてください。

第2章

準備編
各種登録作業を完璧にする

STEP 04 各種登録作業の具体的方法

⚠日本のAmazonへの購入者としての登録

☑最初の登録作業でつまずく人が多い

Amazon輸入を開始するにあたって、いくつかのサイトへの登録が必要になってきます。このSTEP 04では、最低限登録しておいたほうがいいものについて説明していきます。実はここでつまずいて断念してしまう人がかなり多いようです。ぜひがんばってみてください。

登録方法は時間とともに変わっていくこともありますが、基本的には適切な事項を入力していくだけで完了します。

今ではネット上でも情報があふれているので、このSTEP 04に書いてあるものに関してはがんばって登録してみてください。

☑日本Amazonへの登録

まずは、日本のAmazonへの購入者としての登録です。すでにアカウントを持っている人も多いと思いますが、持っていない人はAmazonのページ右上「新規登録はこちら」から登録しておいてください。

⚠海外Amazonへの購入者としての登録

☑日本Amazonとほとんど変わらない登録方法

次にアメリカのAmazonに登録をします。日本のAmazonのページとまったく同じところにある「Start here」をクリックし、必要事項を入力していきます。

上から「名前」「メールアドレス」「メールアドレスの再確認」「携帯電話の番号（入力しなくても大丈夫です）」「パスワード」「パスワードの再確認」ですね。

■ 日本のAmazonへの登録

■ アメリカのAmazonへの登録（http://www.amazon.com/）

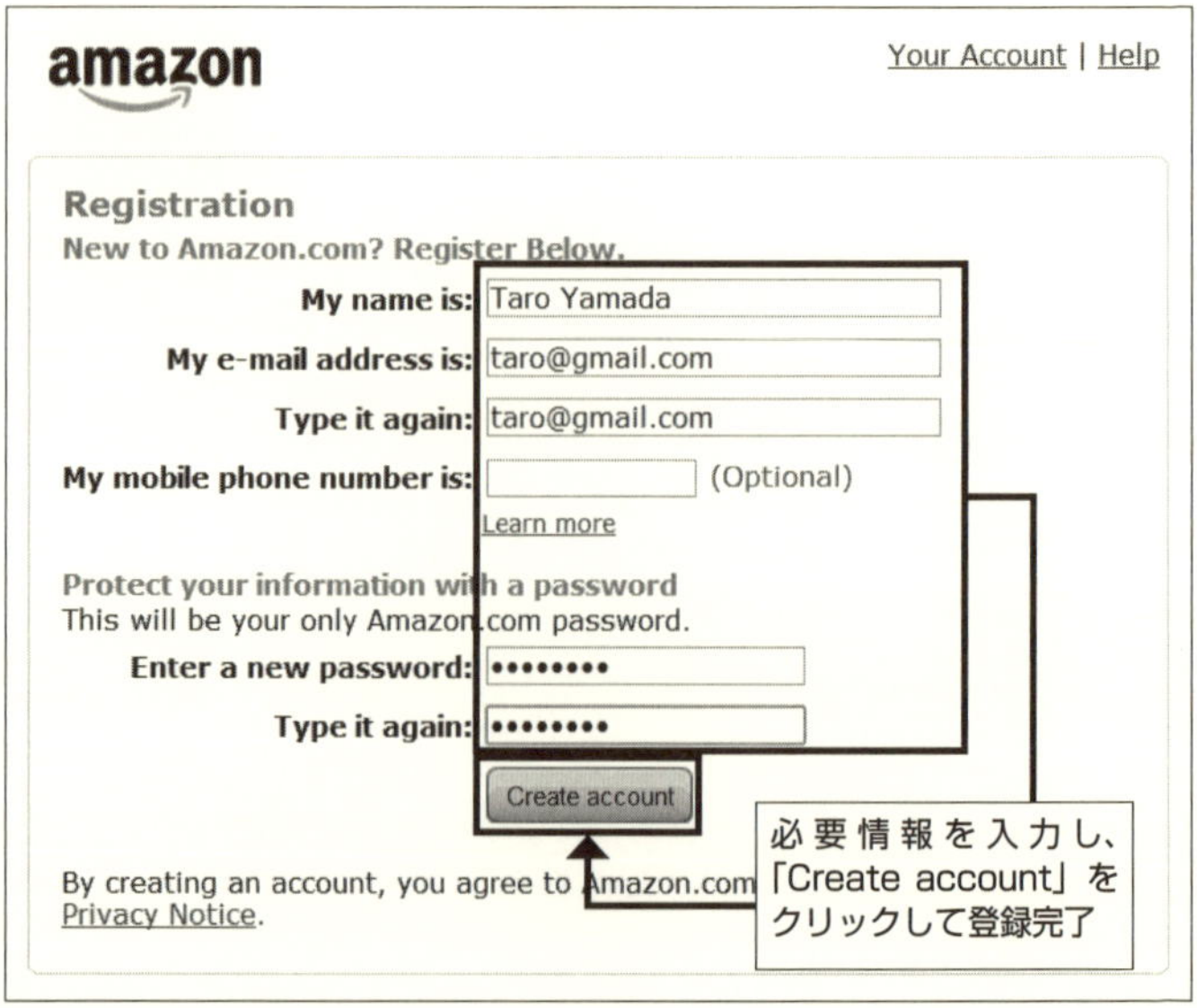

それらを入力後に「**Create account**」をクリックすることで、ひとまずの登録は完了です。

転送業者に登録したあとはその転送業者の住所を、またクレジットカード情報などはあとで入力すれば大丈夫です。

⚠住所の登録は日本と逆

いろいろなサイトに登録していく中で「日本の住所」を入力するシチュエーションに出くわします。私自身、最初は一体どのように登録すればよいか迷いましたが、**基本的には「日本と逆」で登録すると覚えておいてください。**

つまり「東京都 港区 赤坂 1-2-3」は、「**1-2-3 Akasaka Minato-ku Tokyo-to**」となります。何丁目何番地何号以外は、すべて逆に入力します。

また、郵便番号は「**Zip code**」「**Postal code**」などと書かれています。

電話番号に関しては、アメリカから日本にかけるときは国番号も指定する必要があります。最初に「**+81**」をつけて「最初の0を抜かした番号」をくっつけます。つまり「03-1234-5678」の場合は「**+81312345678**」となります。

☑ アメリカに登録すれば主にヨーロッパでも使える

一度アメリカの**Amazon**に登録してしまえば、そのアカウントはヨーロッパでも使うことができます。

ヨーロッパでの仕入れに関しては**STEP20**（208ページ参照）で解説しますが、まずはアメリカからの輸入をマスターして基本的な流れを覚えましょう。それからヨーロッパなどに進出していくことをお勧めします。

■ 住所の表記は日本と逆になる

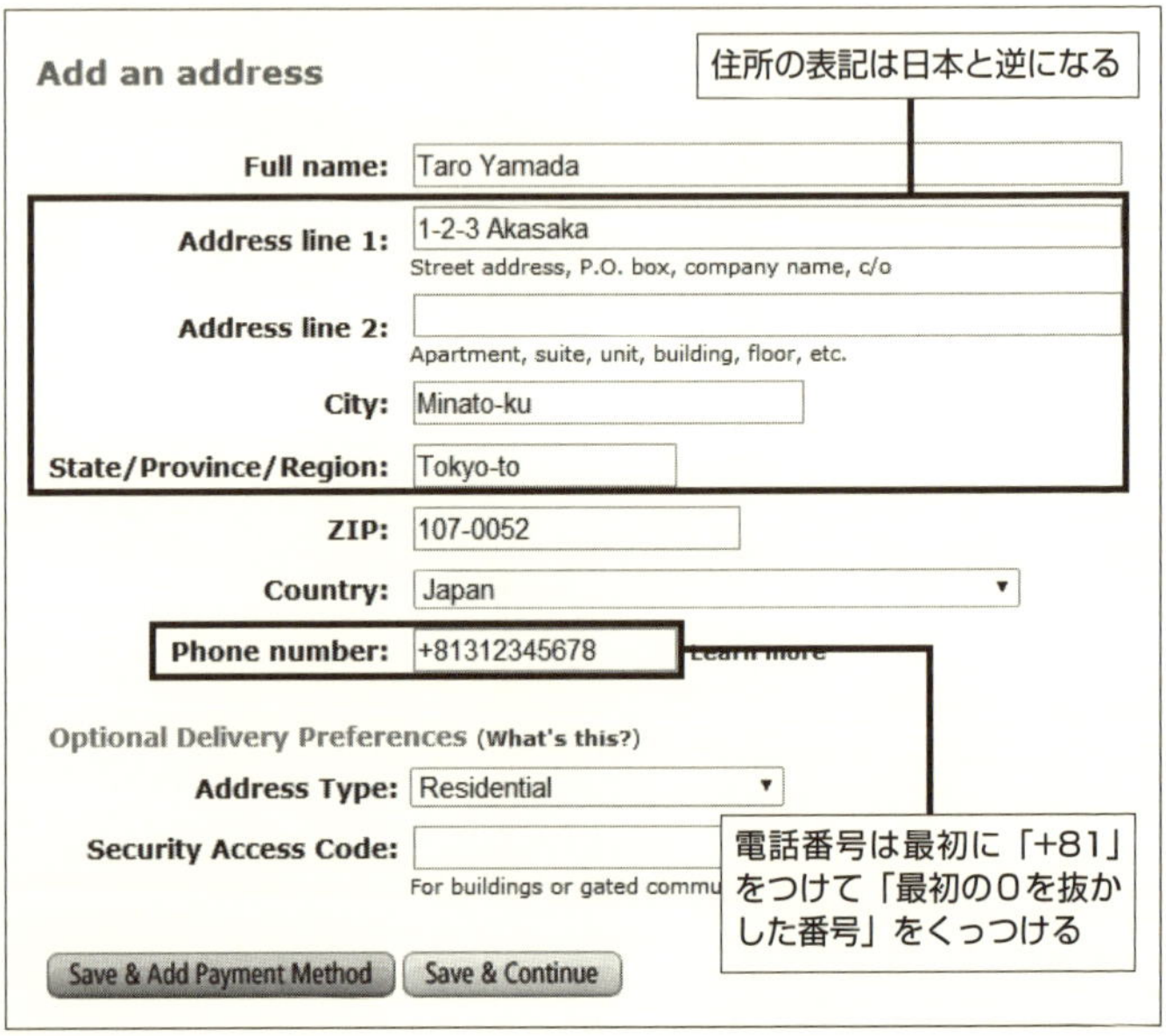

⚠転送業者「MyUS」への登録

☑キャンペーンリンク経由で登録しよう！

アメリカには多くの転送業者があります。日本人が運営している転送業者もありますが、やり取りが楽な分、料金面や発送スピードという面で現地の転送業者に比べ、若干見劣りしてしまいます。

本書では多くのAmazon輸入実践者が利用している「**MyUS**」（**http://www.myus.com/**）という転送業者について書いていきます。

この業者に登録するときには、実際のサイトからそのまま登録を行うのではなく「クレジットカード会社のキャンペーンリンク」を踏んでから登録を行うのがお勧めです。「**VISA**」「**JCB**」「**American Express**」などさまざまなカード会社がキャンペーンを行っており、そのページを経由してから登録を行うと割引を受けることができます。

一番のお勧めは「**American Express**」の割引ですが、現在は持っていないという人は「**VISA**」や「**JCB**」のリンクを踏んでから登録をしてみてください。あとから割引率のいいカードに変更することも可能です。

☑MyUSへの登録方法

たとえば、Googleなどで「American Express　MyUS」と入力すると左頁❶のページが出てきます。

ここから「MyUS.comのサイトへ」をクリックし、その次に赤字で書かれた「Join Now」をクリックします（画像❷）。

個人情報をどんどん登録して先へ進んでいきます（画像❸）。

クレジットカードの情報も入力します。上から「名」「姓」「カード番号」「カードのセキュリティコード」「有効期限」「カード発行会社の名前」「発行会社のある国」「発行会社の電話番号」です。

発行会社の情報はカードの裏面などに記載されています。セキュリティコードは、American Expressは表面の4桁の数字、それ以外は裏面のサイン欄に記載されている3桁の数字になります（画像❹）。

登録が完了すると、あなたのアドレスにメールが届くので、試しにログインしてみてください。

ログイン後にページ右上に表示されているものが、あなたのアメリカでの住所です（画像❺）。

これをアメリカのAmazonなどに登録することで、MyUSに商品を送ることができます。

■転送業社「MyUS」登録フロー

❶Googleで「American Express MyUS」と入力する

❷「MyUS.comのサイトへ」をクリックし赤字で書かれた「Join Now」をクリック

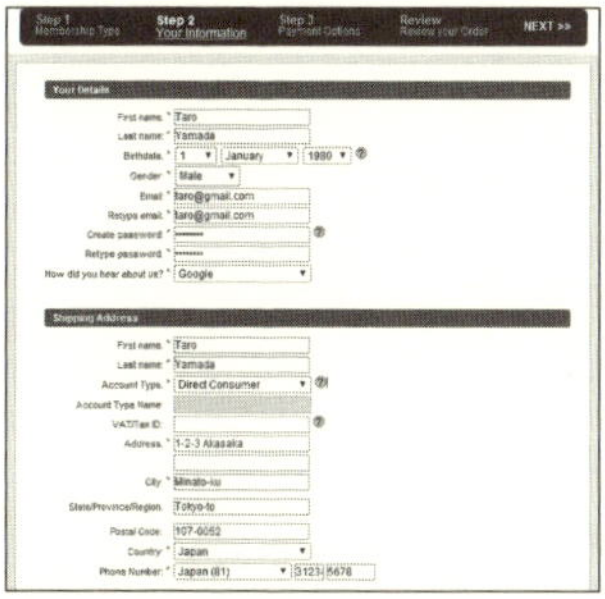

❸個人情報を登録して先へ進む

❹クレジットカードの情報も入力

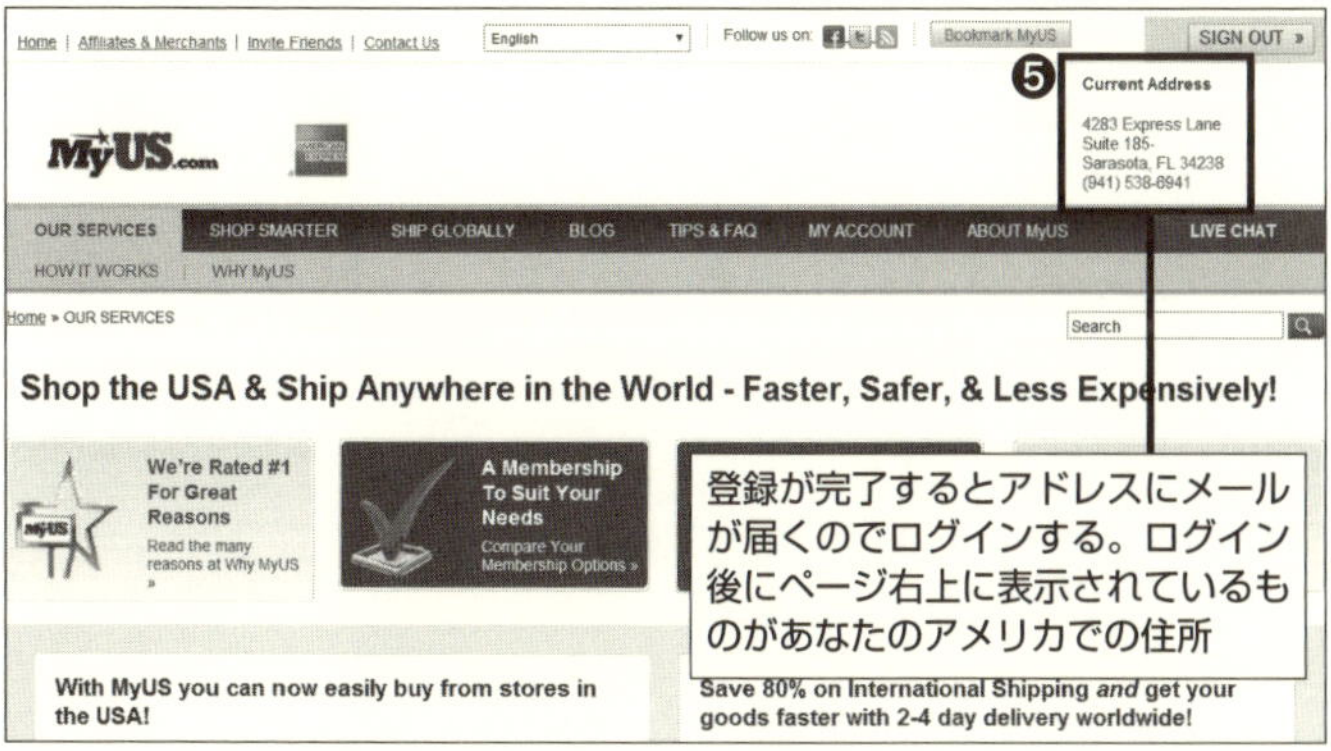

登録が完了するとアドレスにメールが届くのでログインする。ログイン後にページ右上に表示されているものがあなたのアメリカでの住所

「camelcamelcamel」への登録

アメリカのAmazonで販売される商品を安く仕入れることに特化した無料のサービスとして、「camelcamelcamel」というものがあります。

サイトにアクセスし、「Create Free Account」をクリックして登録をはじめましょう。

メールアドレスとパスワードを入力するだけで登録は完了するので、今までの登録作業と比べると簡単なはずです。

GoogleChromeの拡張機能「The Camelizer」（66ページの STEP 05 参照）とあわせてうまく活用することで、売れている商品を思いもよらぬ価格で仕入れることができたりします。ぜひ有効に使うように心がけてください。

■ camelcamelcamel （http://us.camelcamelcamel.com/）

Amazonへ出品者としての登録（大口と小口の違い）

さて、いよいよAmazonへの出品者としての登録です。**Google**などで「**Amazon** 出品」などと入れると下の画像のページにアクセスできます。

ここから登録を行うのですが、「大口出品」と「小口出品」に分かれています。この２つはどう違うのでしょうか？

メリットが多い大口出品

まず、大口出品とは、月額４９００円を払う代わりに、売れた商品1点についての基本成約料１００円が免除されます。小口出品では、1点売れるごとに１００円がかかってきます。つまり、理論上、月に50点以上を販売する見込みがあれば「大口出品」のほうがお得ということになります。

■ Amazonへ出品者としての登録

1カ月50点以上の販売ラインは余裕で越えよう

「大口出品」ならではのメリットはほかにもあります。**Amazon**に登録されていない商品の新規登録、店舗ロゴの設定、また、**ショッピングカートの獲得も優遇される**といわれているので、最初から大口出品として登録することを強くお勧めします。

はじめの3カ月は月額料金が無料ということもありますが、それより何より、1カ月で50点以上の販売というラインは「余裕で」超えてください。そのための道しるべをこの本が指し示していきます。

⚠店舗名の設定

「○○○Amazon店」はNG

Amazonへの出品者としての登録を進めていくと、店舗名（ショップ名）も入力することになります。これから長くつきあっていく名前なので、できるだけ愛着を持って運営を進めていける名前がよいでしょう。

また、規約上では「○○○アマゾン店」や「○○○Amazon店」というように、**店舗名に**

「Amazon」という言葉を入れる行為は禁止されています。そのような名前の店舗も時折見受けられますが、クリーンな運営をしていくためには規約を守ることが大前提です。本書を読んでいるみなさんはそのようなことは行わないようにしてください。

☑ 明らかにおかしな名前も避ける

明らかに「この名前からは買わないだろう」という店舗名にもしないようにしてください。**実践をはじめてからかなり経つけれどなかなか売れない……という人は、一度店舗名も見直してみるといいかもしれません。**店舗名はあとから何度も変更することができます。

さて、売上が入金される口座情報の入力や、あなたの住所など、出品者としての登録は日本語なので難なくクリアすることができたと思います。

これでめでたくあなたもショップのオーナーです。

商品がはじめて売れたとき、自分が設定した売上目標を超えたときの喜びなどは言葉では言い表せないものがあります。

それをこれからどんどん味わっていってください！

STEP 05

PC環境を「Amazon輸入」向けにする

パソコンの設定にもこだわろう

STEP 05ではAmazon輸入を実践していくうえで必要なもの、便利なものを紹介していきます。**簡単にいえば「パソコンの環境をAmazon輸入向けに」整えていくということになります。**

メールアドレスの準備

まずは、これはもうほぼすべての人が持っていると思いますが「メールアドレス」です。

Amazonへの出品者登録や、転送業者への登録など、さまざまなシチュエーションで必要となってきます。

まずはメインで使う（普段からチェックをしている）アドレスを決めましょう。

また、**お客様からの商品に関するお問いあわせはリアルタイムで受信できたほうがいいものです。Gmail**などのプッシュ通知（メールを受信した際にお知らせをしてくれる機能）があるものを使用しましょう。**Amazon**輸入をはじめるにあたっていろいろなものに登録しますが、そのあとでもメールアドレスは変更可能です。「とりあえず今のアドレスを登録しておく」ということでも大丈夫です。

☑ブラウザは「Google Chrome」を利用する

私は**Amazon**輸入をはじめるまで、インターネットのブラウザは、「**Internet Explorer**」を使っていました。おそらく最も一般的なものだと思います。今も使っている人は多いでしょう。しかし、実践をはじめるにあたり「**Google Chrome**」というブラウザを使いはじ

■ **Google Chrome**（http://www.google.co.jp/intl/ja/chrome/browser/）

めました。このブラウザを使うことにより、リサーチなど多くの作業を効率化することができています。「**Firefox**」というブラウザでも同じく効率化を図れますが、この本では「**Google Chrome**」を使うことを前提として話を進めていきます。**Google**や**Yahoo!**で「**Google Chrome**」で検索して、ぜひ自分のパソコンにダウンロードしてみてください（無料です）。

⚠欠かせない2つの拡張機能

☑拡張機能「SmaSurf」

私もそうでしたが、以前までは**Amazon**輸入実践者の多くは「**Amazon**の**ASIN**コード（各商品に割り振られた型番のようなもの）」をアメリカ**Amazon**の検索窓に打ち込んだり、各種ツールにコピー&ペーストしたりということをしてリサーチをしていました。

しかし、**Google Chrome**の拡張機能「**SmaSurf**」が登場したことで、この手間を大幅に省くことができるようになりました。それからは、もはやこの**SmaSurf**がなければリサーチはできないとも感じています。みなさんもぜひ使ってみてください。

まずは、**Google Chrome**の「設定」の中の「拡張機能」を選びます。そして、一番下にある「他の拡張機能を見る」を押すと検索窓が出てくるので、ここに「**SmaSurf**」と打ち込みます。すると「**SmaSurf for Web**ブラウザ拡張機能」と表示されるので、右側に青色で出ている「＋無料」をクリックしてみましょう。これで「**SmaSurf**」がインストールされました。

SmaSurfは日本**Amazon**の商品ページを開いたときに、アメリカ**Amazon**や各種リサーチツールに一瞬で飛んでいける拡張機能です。これを使う、使わないでは、作業時間に大きな差が出てきます。**Amazon**輸入を行うには必須の拡張機能といえるでしょう（使い方は94ページの**STEP 08**で詳しく説明していきます）。

SmaSurfの特徴

◉日本Amazonの商品ページを開いたときに、アメリカAmazonや各種リサーチツールも瞬時に開ける

Amazon輸入の必需品「SmaSurf」

https://chrome.google.com/webstore/search/smasurf?hl=ja

☑ 拡張機能「The Camelizer」

次に入れるべき拡張機能は「**The Camelizer**」です。アメリカ**Amazon**での商品価格が、自分の希望価格を下回ったときにメール（アラートメール）を送ってくれる機能があります。**「商品を安いときに仕入れる」ことに特化したとても便利な機能です。**

まずはこの拡張機能を入れる前に **STEP 04**（54ページ参照）で紹介した「**camelcamelcamel**」というサイトに登録をしておきましょう。登録が終わったらログインしておきます。

この拡張機能は前述した「**SmaSurf**」とは違って2014年現在、拡張機能で検索しても引っかかりません。なので**Google**で「**The Camelizer**」で検索し

■ 茶色のラクダマークが目印の「The Camelizer」

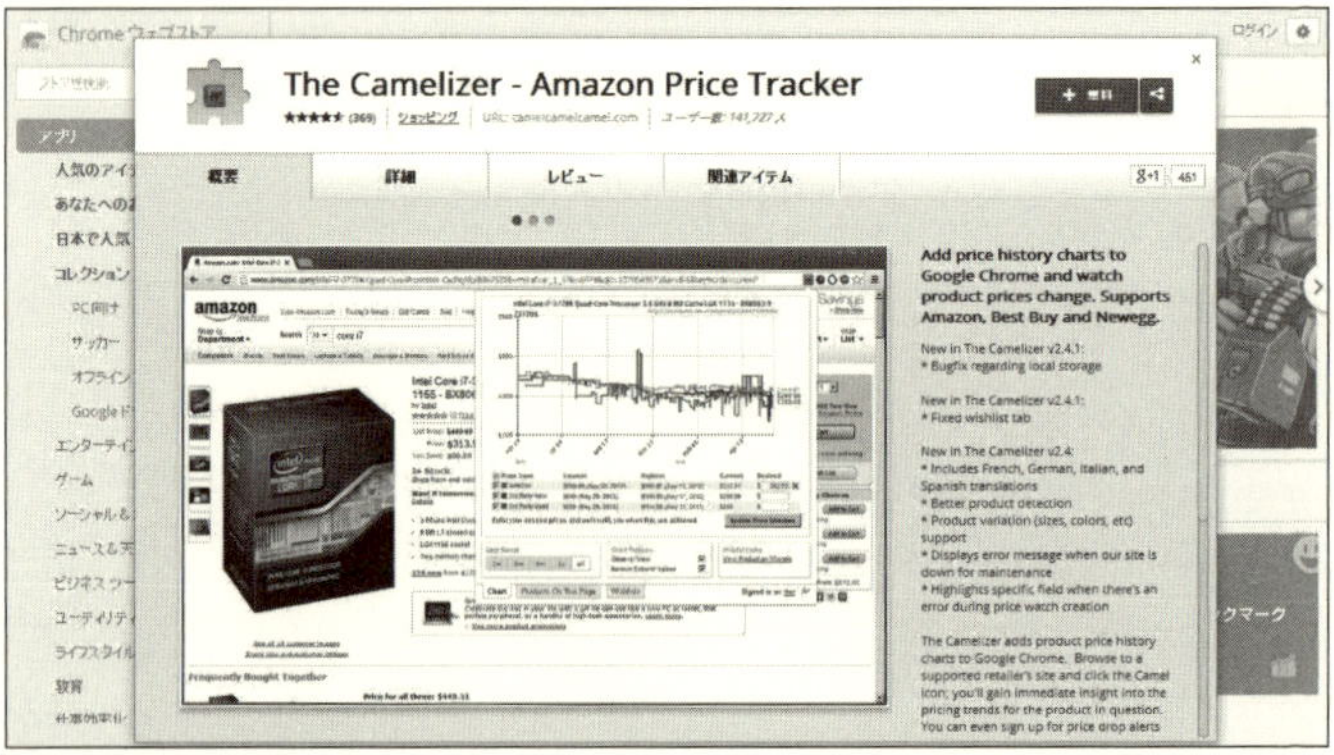

https://chrome.google.com/webstore/detail/the-camelizer-amazon-pric/ghnomdcacenbmilgjigehppbamfndblo

てインストールしてみてください。これを有効にすると、アメリカの商品ページにいるときにブラウザの右上に「茶色のラクダマーク」が表示されます。

このボタンを押すことで、現在の商品価格が過去と比べて高いのか安いのかを瞬時に判断することができます。

☑「camelcamelcamel」への登録ができる

さらに、ここが一番強調してお伝えしたいポイントなのですが、ここから**camelcamelcamel**への登録までもができてしまいます。

たとえば、かなり売れている商品を見つけたものの価格差がなく、仕入れを断念せざるをえない場合があります。そんなときは、とりあえず茶色のラクダマークをクリックしてみます。すると、直近で5ドルや10ドル、それこそ30ドルも価格が下がっていることがあるはずです。

「今は70ドルだけど、1カ月くらい前に49・99ドルまで下がっている!」

そのような商品を見つけたときは「**Desired**」に「50」と入力して「**Create Price Watches**」

を押してみましょう。

これで、その商品がまた49・99ドル（あるいはそれ以下）に下がったとき、アラートメールがくるようになります。

この作業は、**「売れている商品を安く仕入れる」ということに関してきわめて有効**です。商品を高値で仕入れてしまうことを防ぐばかりか、一番安いときに仕入れることも可能となります。

ぜひ、活用してみてくださいね。

■「The Camelizer」の特徴

◉ アメリカAmazonでの商品価格が自分の希望価格を下回ったときにメール（アラートメール）を送ってくれる
◉ 「商品を安いときに仕入れる」ことに特化できる

STEP 06 クレジットカードのしくみを理解しよう

仕入れはクレジットカードで行う

支払い期限を理解して運用していく

現金がなくても、「クレジットカード」さえあればAmazon輸入の実践は可能です。その鍵は、「クレジットカードの支払い期限」にあります。

ほとんどの場合、クレジットカードの支払い期限は「約2カ月」です。たとえば7月の頭にカードで仕入れをすると、返済は8月の末でいいのです。逆に8月の締め日前日に仕入れた場合、すぐに返済日がやってきます。この STEP 06 では、クレジットカードを戦略的に使用するための方法を紹介していきます。

☑利益を生むクレジットカードのサイクル

7月の頭に30万円分の仕入れを行った⬇仕入れた商品がほとんど売れて35万円の入金があった⬇8月の末に30万円を返済し5万円の利益が残った。そのようなイメージです。

これが、カードが複数枚あると、さらにいい循環を生んでくれます。右記の例とは別のカードで、たとえば8月の頭に30万円分の仕入れ⬇35万円の入金⬇9月の末に30万円の返済⬇5万円の利益。**カードがあればあるほど、利益を増大させることができるわけです。**

☑月に2枚の新規カードを申し込む

クレジットカードの限度枠に比例して売上も利益も増大していくので、今持っているクレ

■利益を生むクレジットカードのサイクル

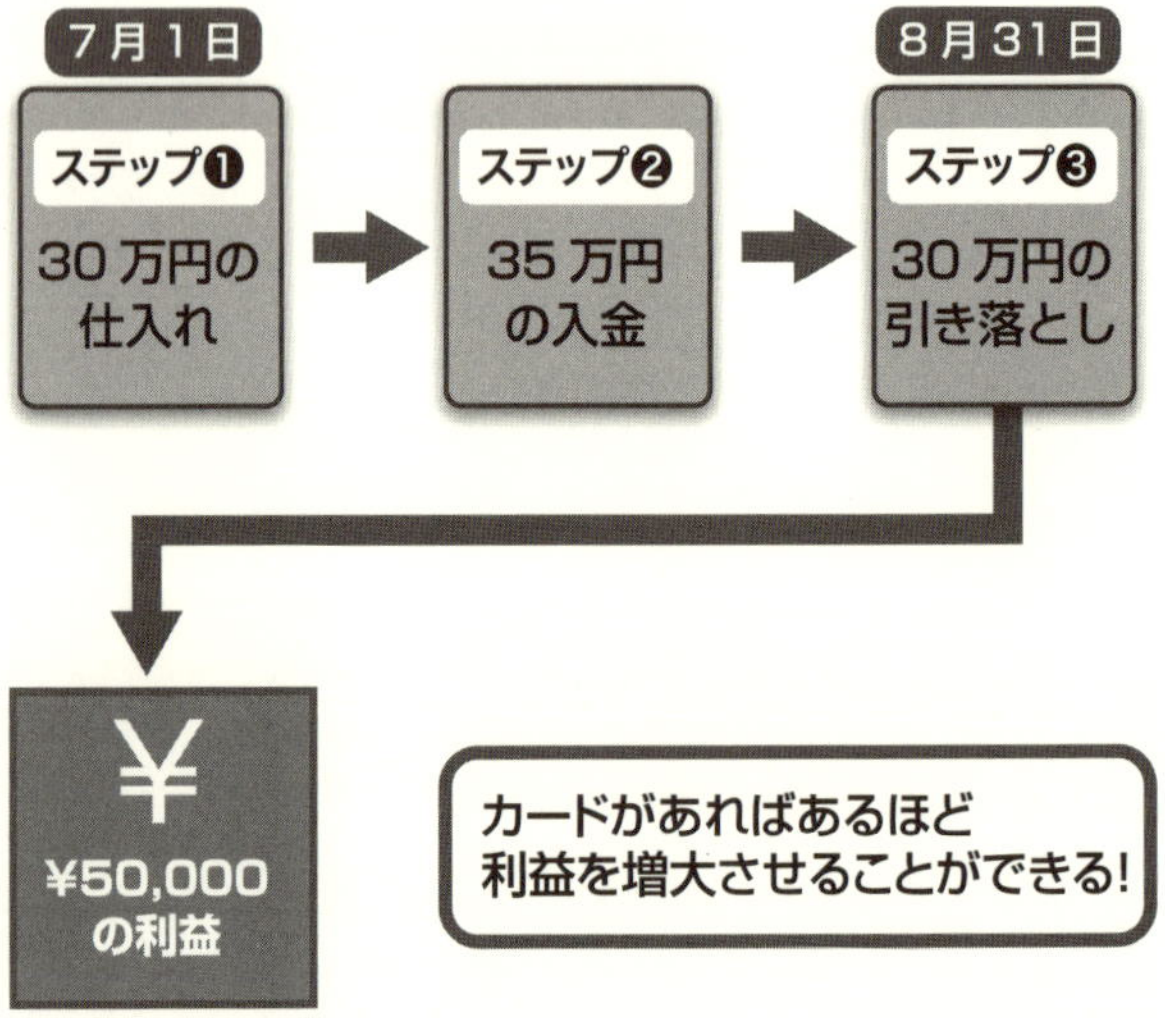

ジットカードの増枠を申請したり、新規でカードを申し込んでいくということを、商品リサーチと並行して行っていくのがいいでしょう。

一般的に、**新規でカードを申し込む場合は「月に2枚程度」がよいといわれています。**これは、複数のカードを同時期に申し込むと、審査時に「お金に困っているのかな?」と思われてしまうためです。また、特にサラリーマンをしている人は社会的信用があるため、カードがつくりやすいともいわれています。

「今は副業でもやがては独立したい!」という人は在職中にカードを量産しておくと後々に有利になってくるはずです。

このように、クレジットカードで仕入れを行うことで、商品金額の支払いを2カ月後などに先送りでき、結果的には「現金を持たずにビジネスを進める」ことが可能となるわけです。

クレジットカードを持つ人の大半は、「そのカードがいくらまでなら使えるか?」ということを、おそらく把握せずに使っていると思います。私もAmazon輸入の実践をはじめるまではそうでした。しかし、そのような「限度枠」も含め、実践をしていくうえでは各カードのそれぞれの詳細を知っておく必要があります。

☑「ショッピング枠」と「キャッシング枠」

まずは、クレジットカードの「ショッピング枠」と「キャッシング枠」についてです。

ショッピング枠とは、その名の通りカードで買い物できる限界の額です。キャッシング枠はカードによって付与されるかどうかはまちまちですが、こちらは現金を一時的に借りる（キャッシングする）ことができます。重要なのは「ショッピング枠がいくらか」ということなので、キャッシング枠はそれほど気にしなくてもよいでしょう。

私自身、実践開始当初はキャッシングした金額をデビットカードに入れてまで仕入れを行っていましたが、これはショッピング枠に限界を感じていたからであり、あまりお勧めはできません。まずは新規でカードを申し込むなど、ショッピング枠を増やしていくことに注力しましょう。

⚠「締め日」「支払日」のタイムラグを最大限活かす

☑締め日の翌日に仕入れを行う

「枠」とは別に知っておかなければならないのは、クレジットカードの「締め日」と「支払日」です。カードによって若干の違いはありますが、基本的にはこの2つは「約2カ月」離れています。**締め日の翌日に仕入れを行うことで、このタイムラグを最大限に活かすことができます。**

☑サイクルが違うカード

「持っているカードが末締めばかりだから、中旬くらいに締めのカードがほしい！」

このような希望がある人は**Google**などで「15日締め　クレジットカード」などで検索をしてみましょう。検索に引っかかったカードを申し込むことで、希望通りの締め日のカードもつくること

■「月末締め」と「15日締め」

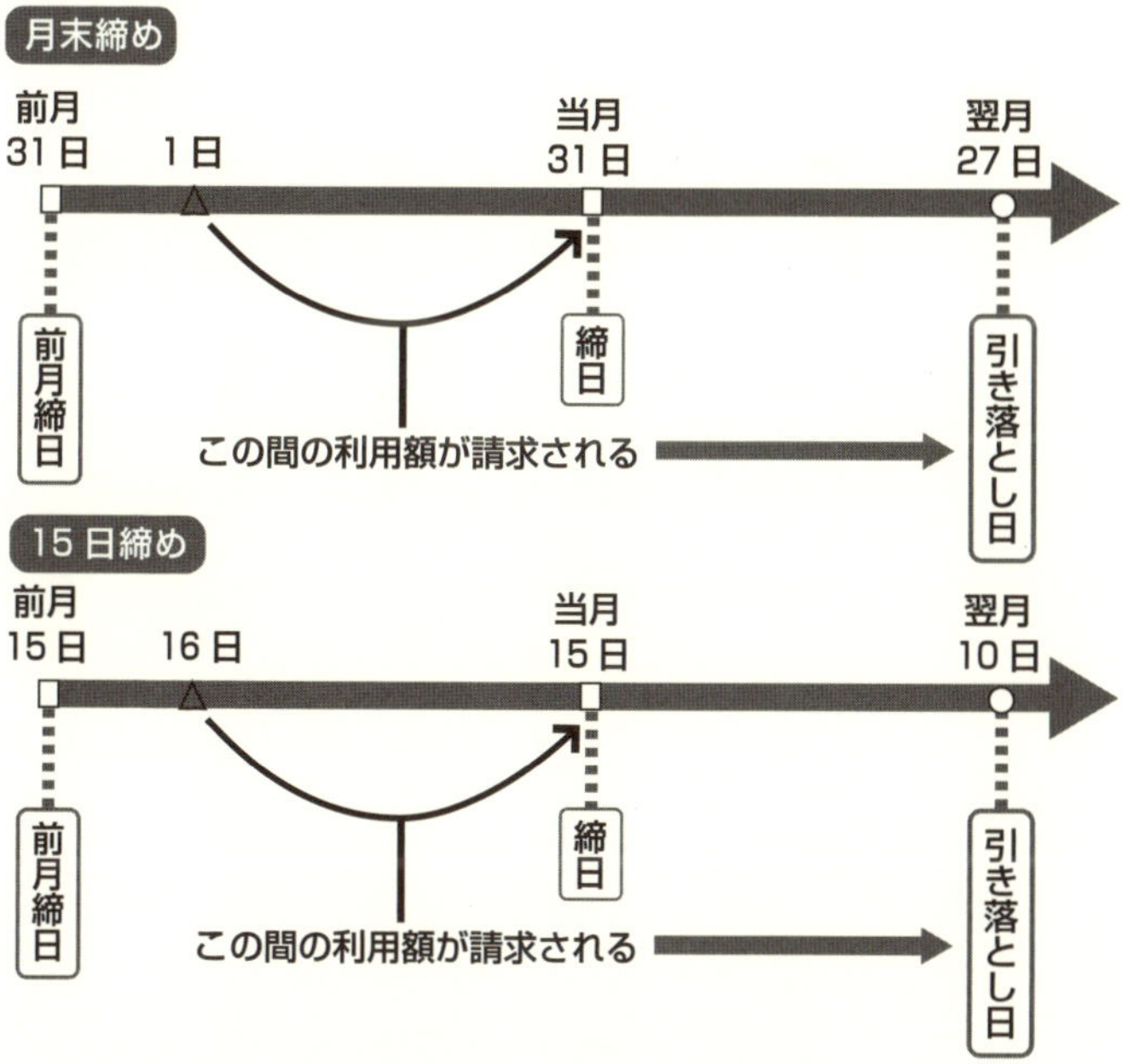

※カード締め日が月末の場合は引き落とし日が翌月27日、15日締めの場合は翌月10日を想定
※引き落とし日が土・日の場合は実際には日が後ろにずれる場合もある

ができるはずです。

サイクルが違うカードを複数枚持つことで、より安定的な仕入れを行うことが可能となります。

もしも、**月の末尾が締めのカードと15日締めのカードがあった場合、1日と16日など、2週間おきに仕入れを行うことができるため、売上をほぼ途絶えさせることなく実践をすることができます。**定期的な仕入れが安定した売上を生み出していくので、ぜひ締め日の違うカードをつくっていってください。

☑ショッピング枠の事前申請

また、カードによってはショッピング枠の支払いを事前に行うことですぐに枠が復活するものもあります。これはカード会社に問いあわせれば教えてくれるので、それぞれのカードがどのようなシステムになっているのか、事前に聞いて把握しておくのがよいでしょう。

☑増枠と一時的増枠

ショッピング枠には「増枠」と「一時的な増枠」があります。

まず「増枠」ですが、カードによってこちらから申し出ないと枠を増やしてくれないカードと、使っていくうちに勝手に枠が増えていくカードがあります。前者のほうが多いので、定期的にそれぞれのカード会社に増枠申請をしてみるのが望ましいでしょう。

次に「一時的な増枠」についてですが、「増枠は今はできないけれども一時的には枠を増やしてあげますよ」というシステムです。アメリカでセールが行われていて、いつもよりも仕入れ量を増やしたいというときなどに有効です。

一例として、カード会社に「海外旅行に行ってショッピングをしたい」などという名目で申請をしている人もいます。しかも「ほぼ毎月」そのようにしている人もいると聞いたことがあります。いろいろと裏技（抜け道）はあるようなので、そんなことも楽しみながら探っていってみるといいでしょう。

■「増枠」と「一時的な増枠」の違い

◉増枠：❶カードによってこちらから申し出ないと枠を増やしてくれないカード
　　　❷使っていくうちに勝手に枠が増えていくカード

◉一時的な増枠：一時的には枠を増やせる（例：海外旅行に行ってショッピングをしたい）

☑ デビットカード

クレジットカードの種類として、数年前から一般的になってきた「デビットカード」と呼ばれるものがあります。これは、その口座（カード）にお金を入れておくことで、ショッピングをすると即時に引き落とされるというものです。

基本的に「口座にお金が入っていなければ使えない」ため、通常のクレジットカードと比べると、カード審査などはあってないようなものらしいです。おそらくほぼ誰もがつくれると思います。代表的なものとして「楽天銀行デビットカード」や「三菱東京**UFJ-VISA**デビット」などがあります。手持ちの資金を入れて使えるというメリットがありますが、通常のクレジットカードでの決済よりも若干手数料が高いので、使うのであればあくまでもサブ的な要素がよいでしょう。

⚠ 仕入れを行うべき時間帯

☑ 時差を考慮する必要がある

日本とアメリカとでは、当然のことながら「時差」があります。この**時差を頭に入れておかないと、カードの支払いサイクルが乱れることがあるので注意が必要です。**

もうかなり前の話になりますが、私が**Amazon**輸入をはじめて間もないころの話です。月の末尾の夜にどんどん商品をカートに入れていき、深夜、日本時間の1日になってから決済をしました。しかし、なんと1日決済になっておらず、支払いサイクルの予定が狂ってしまったということがありました。

このようなことを防ぐためには、「アメリカの日付が変わってから」決済をする必要があります。アメリカ国内でも、たとえば西海岸と東海岸では3時間の時差がありますが、一番日付が変わるのが遅い西海岸との時差は17時間です。つまり、日本時間の17時になって、ようやくアメリカの日付も変わります。そのような理由で、**仕入れは「カード締め日翌日の夕方5時（17時）以降」に行うことを心がけましょう。**そうすればアメリカの日付も変わっているため、支払いを約2カ月後にすることができるので安心です。

☑ ポイントやマイルが溜まる

クレジットカードで仕入れを行うメリットとして、カードのポイントやマイルが溜まっていくことが挙げられます。これは、**Amazon**輸入実践者の特権といってもよいでしょう。

定期的に仕入れを行うことで自然とポイントやマイルが溜まっていき、普段の買い物や海外旅行までもがそれでまかなえてしまったりします。

実際、溜まったマイルで1年に何度も無料《タダ》で海外旅行を楽しんでいる実践者もたくさんいるのです。それも目標の1つとして、がんばったご褒美として考えておいてもいいでしょう。

海外旅行が好きな人は、ぜひともマイルが貯まるカードをつくってみてください。実践開始から数カ月経って確認すると、信じられないくらいマイルが貯まっていると思います。

☑キャッシュフローを常に意識する

複数のクレジットカードを持つことで、締め日や支払日で混乱してしまうこともあるでしょう。事前に持っているカードの締め日や支払日、ショッピング枠などを手帳やExcelなどにまとめておくと、その混乱を防ぐことができるはずです。

Amazon輸入を円滑に進めていくためにも、次回の支払いはいつかなど、キャッシュフローを常に意識して実践をしていきましょう。そうすれば資金も想定通りに回っていき、自然と売上、そして利益も右肩上がりになっていくでしょう。

習慣として、カレンダーや手帳を見てお金の流れ（出入金）をイメージすることを心がけてみてください。これが無意識にできるようになってきたころには、あなたも立派な「経営者」です。

STEP 07
販売者管理ページ「セラーセントラル」

セラーセントラルを自在に操作しよう

売上は2週間おきに入金される

みなさんが1人のセラーとして実践をしていくうえで、Amazonにはとても便利でシステマチックな管理ページがあります。それが「セラーセントラル」と呼ばれるものです。**すべてのセラーはここで商品の管理を行っています。**売上なども逐一このページでチェックをすることができ、数年前から実践をしている人たちを除き、売上が入金される間隔は「2週間」です。

その金額は、セラーセントラルに「残高」として表示され、**支払い手続き開始からおよそ3日から1週間ほどで指定の口座に振り込まれます。**

実践者にとっては、この月に2回の入金がまさに「給料日」と呼べるので、そのお給料を少しずつ増やしていこうという気持ちでがんばりましょう。

⚠「在庫管理画面」を使いやすいように設定しよう

私たちが仕入れた商品を管理するのが、セラーセントラルの「在庫管理画面」というページです。ここでは商品の価格を変更したり、商品のコンディション説明をより詳しく書き直したりということができます。さらに進んで、自分が管理しやすいようにこまめに設定を変更してみましょう。

☑「カートボックス価格」は真っ先に表示させよう

画面上部の真ん中あたりにある「設定」をクリックすると、さまざまな項目の変更が可能です。

■「セラーセントラル」のトップ画面

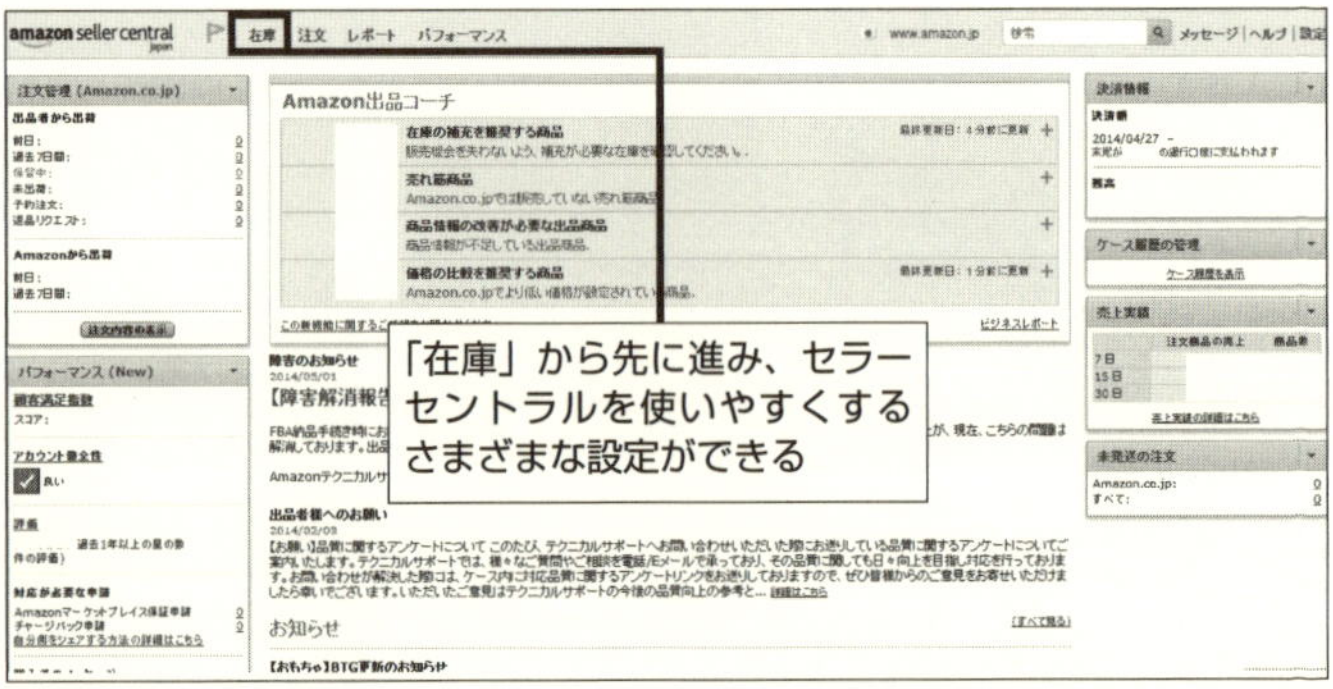

1ページに250種類の商品まで表示させることができたり、自分と同レベルの評価のセラーの最低価格を表示させたりできます。

また、**FBA出品をすることを前提として考えた場合、真っ先に表示させておいたほうがよいものとして「カートボックス価格」が挙げられます。**

まず、セラーセントラルの在庫管理画面を開きます。画面上部の真ん中のあたりにある「設定」をクリックします。「表示設定変更」のページに飛んだら、その中の「カートボックス価格」を「利用可能時に表示」に変更します。

これで保存を押し、もう一度在庫管理画面に戻ってみます。すると、自分の設定価格やその商品の最低価格とは別に、「カートボックス価

■ カートボックス価格を表示させる

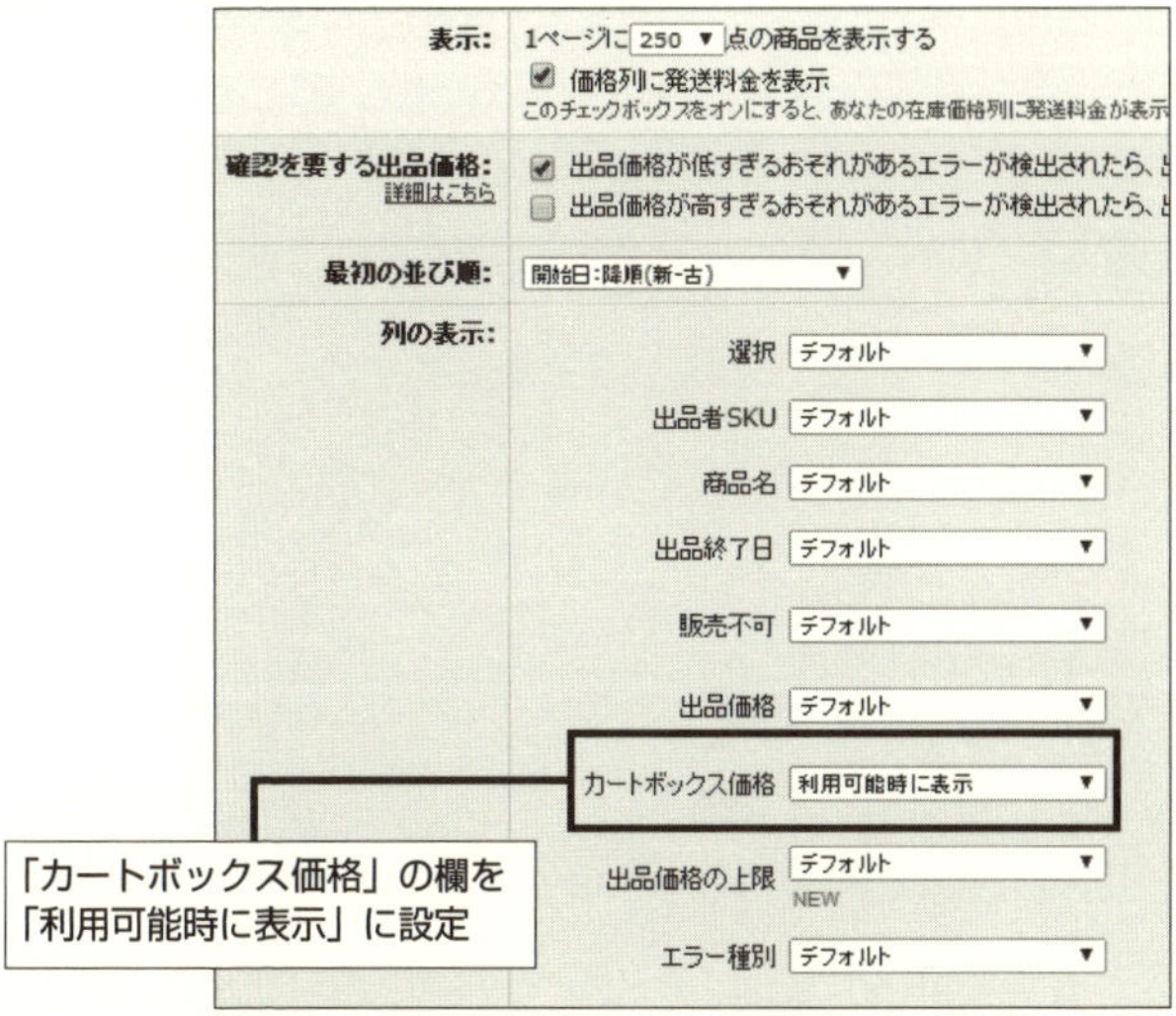

格」というものが表示されているはずです。ＦＢＡセラーが最も気にしなければならい「カートボックス価格」を、これで常に監視できる状態になりました。

こうしておくと、たとえば「自分が５０００円で売った商品のカートボックス価格が今は７０００円になっている➡よし、また仕入れてみよう！」などとリピート販売の幅も広がっていくわけです。

☑「ランキング」の表示

カートボックス価格以外でも表示させておくと便利なものとして「販売ランキング」が挙げられます。ここも「デフォルト」を「利用可能時に表示」に変更して保存をすると表示させることができるので、１つの目安として表示させておきたい人は変更しておきましょう。

また、実践を続けていくと「これは表示させておかなくてもいいかな？」というものも出てきます。そのような場合も、設定を変えることで自分なりにアレンジをしていきましょう。

☑「ビジネスレポート」で訪問者数を確認

また、セラーセントラルでは、自分が出品している商品がお客様にどの程度見られているかということを数字で把握することができます。

まず、ページ上部にある「レポート」の中の「ビジネスレポート」を選びます。

その中の「ASIN別 詳細ページ 売上・トラフィック」で、それぞれの商品へのアクセスがどの程度あるかを見ることができるので、もし「なかなか売れないな」と感じたら一度ここを見て、お客様の需要を把握してみるのもいいでしょう。

ほかには「商品ごとのカートボックス獲得率」なども見ることができます。さまざまな「数値」を把握することで、より今後の販売戦略を立てやすくなります。セラーセントラルは隅々までチェックして「使い倒してやる！」、このくらいの気持ちで取り組んでみてください。

■ビジネスレポートでカートボックス獲得率を確認

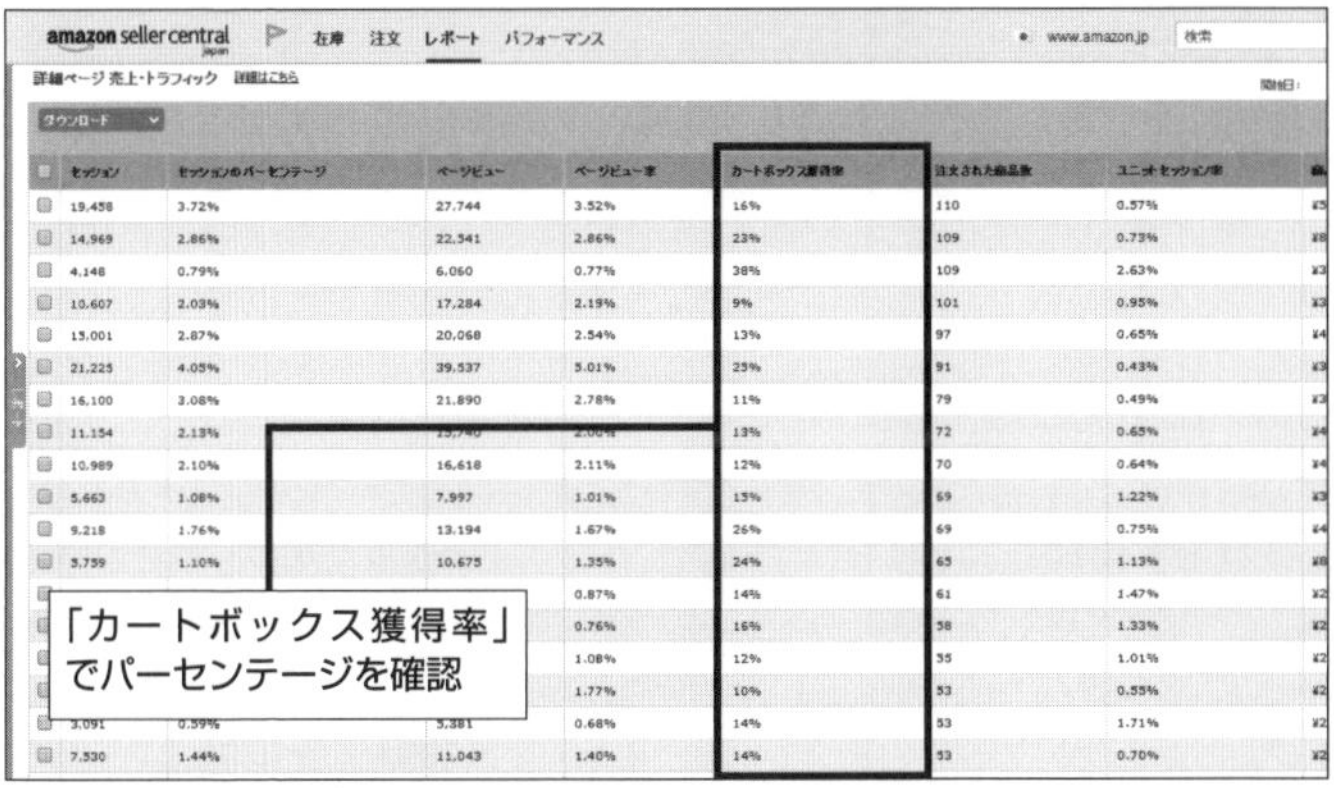
「カートボックス獲得率」
でパーセンテージを確認

タイムリーに売れた商品を確認する方法

売れた商品はそもそもどこでチェックするのでしょうか？

自分が出品している商品が売れて発送までされると、登録しているメールアドレスに「Amazon注文商品発送のお知らせ」というメールが届きます。このメールが届いてはじめて「売れた」と判断してもいいのですが、注文から発送まではタイムラグがあります。注文が入った段階で商品が売れたことを把握する方法をご紹介しましょう。

セラーセントラル上部にある「在庫」にカーソルをあわせてみてください。そして「FBA在庫管理」を選びます。ただの「在庫管理」ではなく、「FBA在庫管理」のほうです。画面が変わったら「入出荷作業中」を押してみましょう。セラーセントラルでは、いろいろな数値が反映されるのに少し時間がかかります。この「入出荷作業中」は、更新されるのに1分くらい時間がかかることがあるので、1分後などにもう一度ページを更新してみましょう。

■入出荷作業中の表示確認

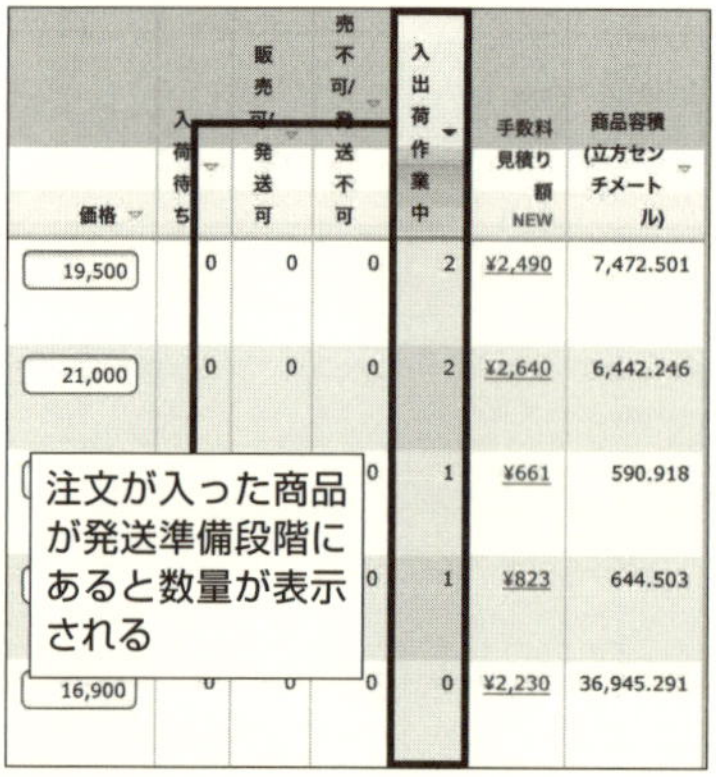

すると、数字が「1」や「2」などになっている場合があります。これはその商品に注文が入り、現在発送の準備段階という状態です。キャンセルとなってしまうこともありますが、ここの数字が「0」でなくなっていた場合は、基本的には「その商品が売れた」と判断してしまっていいでしょう。

☑「特定商取引法」について

私たちが何かモノを売る場合、「特定商取引法」というものがあり、店舗情報などを記しておかないといけません。さっそくやってみましょう。

セラーセントラル右上の「設定」の中の「情報・ポリシー」をクリックしてみてください。この中の出品者情報を選ぶと、店舗情報を記載するスペースがあるので、ここにショップ名・代表者名・所在地・電話番号等を入力して保存します。

Amazonのページに反映されるのはおよそ24時間後ですが、これで販売者としての表示義務を果たしたことになります。ここが未記入の場合、Amazonから「出品者情報を記載してください」などと警告がきたり、また後述する「カテゴリー申請」もできなくなってしまいます。販売を行う準備段階から記載しておいたほうがいいでしょう。

今では、月額３００円くらいで「０５０」からはじまる電話番号を持つことができたり、レンタルオフィスの契約をして、もう１つ住所を持ったりすることもできる時代です。もしご自身の情報は開示したくないという場合は、そのようなサービスの利用を検討してみてもいいかもしれませんね。

⚠ 出品者ロゴの設定

☑ 出品者ロゴの設定

私たちがAmazonで販売を行っていくうえで、ショップ名を決めるのはもちろんです。さらにショップのロゴ「出品者ロゴ」も設定することができます。この**ロゴを設定するメリットとしては、「お客様の目につきやすい」こと、そしてデメリットとしては「競合セラーの目につ**

■ 出品者ロゴの表示

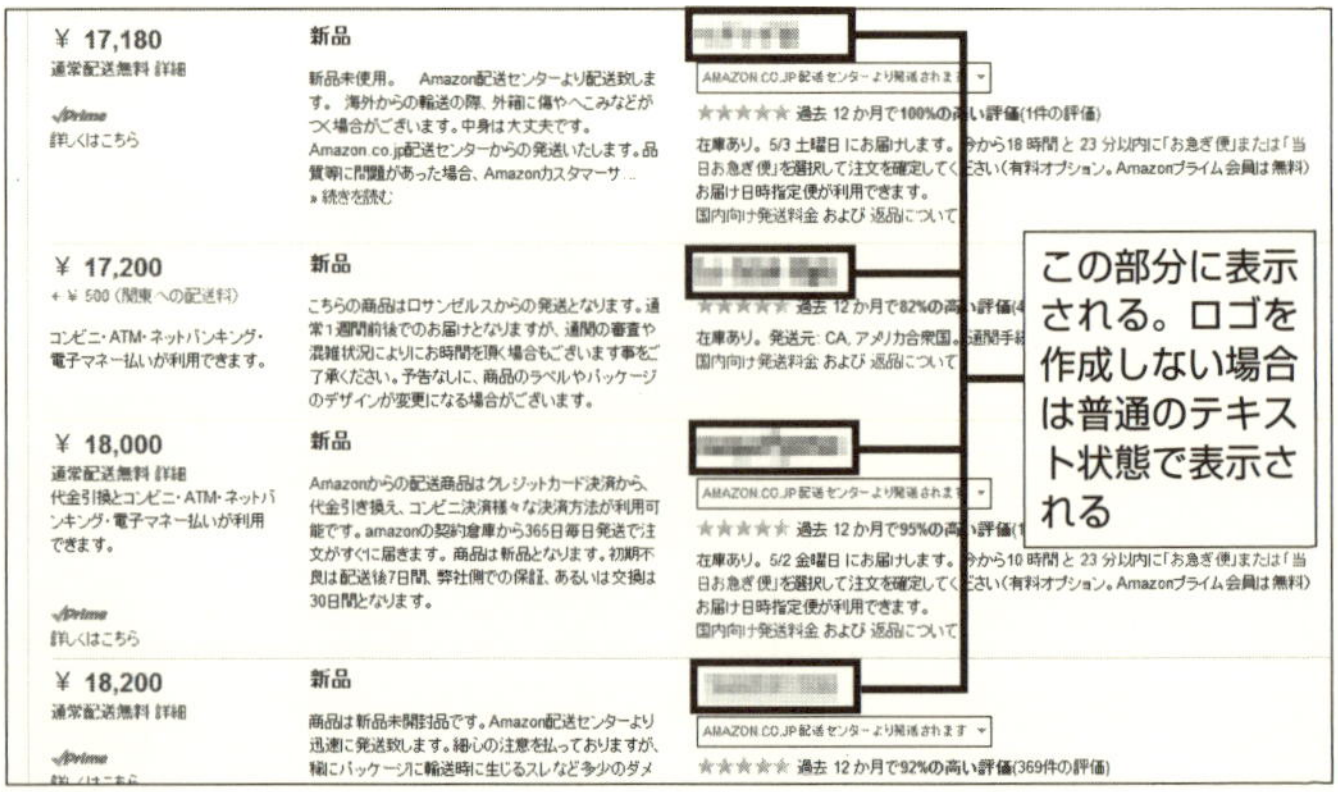

きやすい」ことです。一長一短があるので、どちらがいいとは断言できませんが、設定したい場合は出品者情報と同じく「設定」の中の「情報・ポリシー」を選び、「出品者ロゴ」というところをクリックしてみてください。

ここに「幅120ピクセル×高さ30ピクセル」などロゴの規約も書いてあるので、作成する際はまずここの注意事項に目を通しておきましょう。私自身がそうなのですが、「そもそもそんなロゴはつくれない！」という人は、詳しいお友達に作成を頼んでみるのもいいかもしれませんね。

ショップ名と同じく、出品者ロゴも自分が販売を行っていくうえでずっとつきあっていくものです。ぜひ考えること自体を楽しんでみてください。そうすれば、「店を育てる」「アカウントを育てる」という意識も、よりいっそう強くなっていくことでしょう。

出品者ロゴについて

メリット：お客様の目につきやすい

デメリット：競合セラーの目につきやすい

次の章からはいよいよ実際にAmazon輸入ビジネスの実践をスタートさせていきましょう。この本を片手に、ぜひみなさんも取り組んでみてください！

コラム

ストレスから解放される生活がある

◆資金がなくても結果を出せてしまう

突然ですが、私は「就職」をしたことが一度もありません。

学生時代に演劇にはまり、そのまま舞台役者を志して、ずっとアルバイトをしながら活動を続けてきました。

そんな中、自分が一番やりたいことは何かを考え続けた結果、それは演劇ではないとの結論に至り、ほかの道を模索しはじめます。

しかし、社会人経験もなく、歳は30を超えているということもあり、いわゆる一般企業に勤めるという選択肢は、私の中にはありませんでした。

同じように、たとえば音楽活動やお笑いの道を志し、けっこうな年齢になってから活動を辞めて、さぁどうしたものか……という人はたくさんいると思います。そのような人でも、たとえ資金がなくても結果を出せてしまうのが、このAmazon輸入の魅力です。

実際、私が2年ほど前にセミナーでお会いした人は「バンドマン」でした。現在はAmazon輸入で生計を立てながら、趣味としてバンド活動を続けています。

◆「満員電車」から抜け出すためのアクションをしよう

また、今現在は会社で働いているという人の中にも、なんとかそこから抜け出したいという考えを持っている人はたくさんいるのではないでしょうか。

サラリーマンの象徴として度々語られるのが「満員電車」です。私自身はそれを日常のように味わってこなかったので何も言う権利はありません。ですが、もしそれをストレスと感じているようであれば、ぜひともそこから抜け出すためのアクションを起こしてみてください。

本書を手にされたあなたには、少なからずそのような思いがあるはずです。

第3章

実践編 3・3・3 Amazon輸入実践法

STEP 08

ステータス① ステージ① Amazon輸入の命綱「セラーリサーチ」

この章からいよいよAmazon輸入ビジネス実践編です。

最初はAmazonで物を売っている「セラー」を探していくことからはじめます。まずあなたが取り組むべきは **ステージ① セラーリサーチ** です（21ページの **図②** 参照）。

ステップ① メリットとデメリットを把握する

輸入品を販売しているセラー（出品者）を探す

よい商品を探す過程で一番効率がいいのはすでに輸入品を扱っているセラー（出品者）を日本のAmazon上で丹念に探していき、それをExcelにリスト化していくことです。**ステップ①** ではセラーリサーチのメリットとデメリットを理解することからはじめましょう。

セラーリサーチのメリットとデメリット

メリット

◉すでに輸入品を扱っているセラーをチェックするので、売れている商品を見つけやすい

◉輸入品を扱っているセラーを探す➡商品を見つける➡さらにセラーを探す➡さらに商品を見つけるという流れを繰り返していくことで、商品探しの効率が高まっていく

デメリット

◉見つけた商品は「すでに誰かが見つけたもの」なので、「ブルーオーシャン（競合が少ない状態）」の商品は見つけづらい（これは後述するアナログリサーチにて解決することができます）

「あ、このセラーはほとんどアメリカから仕入れているな」
「この人は中国がメインか」
「ヨーロッパからもけっこう仕入れてるなぁ」

このように、セラーを片っぱしから見ていくことをある程度続けていくとわかるようになっていきます。アメリカから商品を輸入する場合、「アメリカ仕入れをメインで行っていて、結果を出しているセラー」を数多く見つけることこそが一番効率的なのは間違いのないことです。

たとえばアメリカ仕入れメインのセラーの中にも、メディア系（CD・DVD・ゲーム）を主に扱っているセラーがいたり、**LEGO**しか扱っていない人がいたり、カテゴリー申請が必要なものだけをガンガン攻めているセラーがいたりとさまざまです。それらも含め、**自分の方向性に合致するセラーを見つけておき、定期的にチェックすることでコンスタントにいい商品が見つかっていきます。**

以前お会いしたことがある輸入プレイヤーの話では、「自分なりのセラーランキングを作成し、1カ月ごとにそのランキングを変動させている」とまで言っていました。もちろん、そこから卸交渉に取り組んだり、新たな仕入先を探してみたりと、発展させていけるかどうかは人それぞれです。しかし、ただ単に優秀なセラーが扱っている商品をリサーチして、アメリカ**Amazon**で仕入れるだけでもある程度の結果が伴ってくるのは事実です。

まずはいい商品を探す。そのためにはいいセラーを探す。極論をいってしまえば、**実践をはじめて最初の1カ月くらいはセラー探しだけにあててもいいでしょう。**

ステップ② 優先すべきセラーを探す具体的手順

☑「AMAZON.CO.JP配送センターより発送されます」を探す

それでは、輸入品を扱っているセラーを探す手順について説明をしていきます。

まず、日本の**Amazon**で自分の興味があるカテゴリーを選んでみましょう。そして、検索窓に「並行輸入品」「**import**」「日本未発売」などの文字を入れてみてください。多くの商品が表示されるはずです。その中で、まずは自分が気になった商品を選んでみましょう。

次に商品画像の右側に「**新品の商品：30**」などと表示されるので、ここをクリックします。すると、その商品を「新品」で出品しているセラーが、価格の安い順に表示されています。

このときに、セラー名もしくは店舗ロゴの下に「**AMAZON.CO.JP**配送センターより発送されます」とオレンジ色で表示されたセラーが出てきます。

同じく目印となるのは、左側の価格の下に青文字で「**Prime**」というマークがついている場合です。

❶ 優先すべきセラー探索シート　～検索条件の入力～

☑	❶ カテゴリー	日本のAmazonで自分の興味があるカテゴリーを選ぶ
☑	❷ 検索条件	検索窓に「並行輸入品」「import」「日本未発売」などの文字を入れる
☑	❸ 商品選定	まずは自分が気になった商品を選ぶ
☑	❹「新品の商品：●●」	商品画像の右側に「新品の商品:30」などと表示されるので、ここをクリック
☑	❺ セラー表示	その商品を「新品」で出品しているセラーが価格の安い順に表示される
☑	❻ 目印	「AMAZON.CO.JP配送センターより発送されます」の表示と「Prime」のマークが優先すべきセラーの目安
☑	❼ ストアページに飛ぶ	セラー名もしくは店舗ロゴをクリックして、そのセラーのページに飛ぶ

❶～❷ Amazon.co.jpトップ画面からカテゴリーを選別

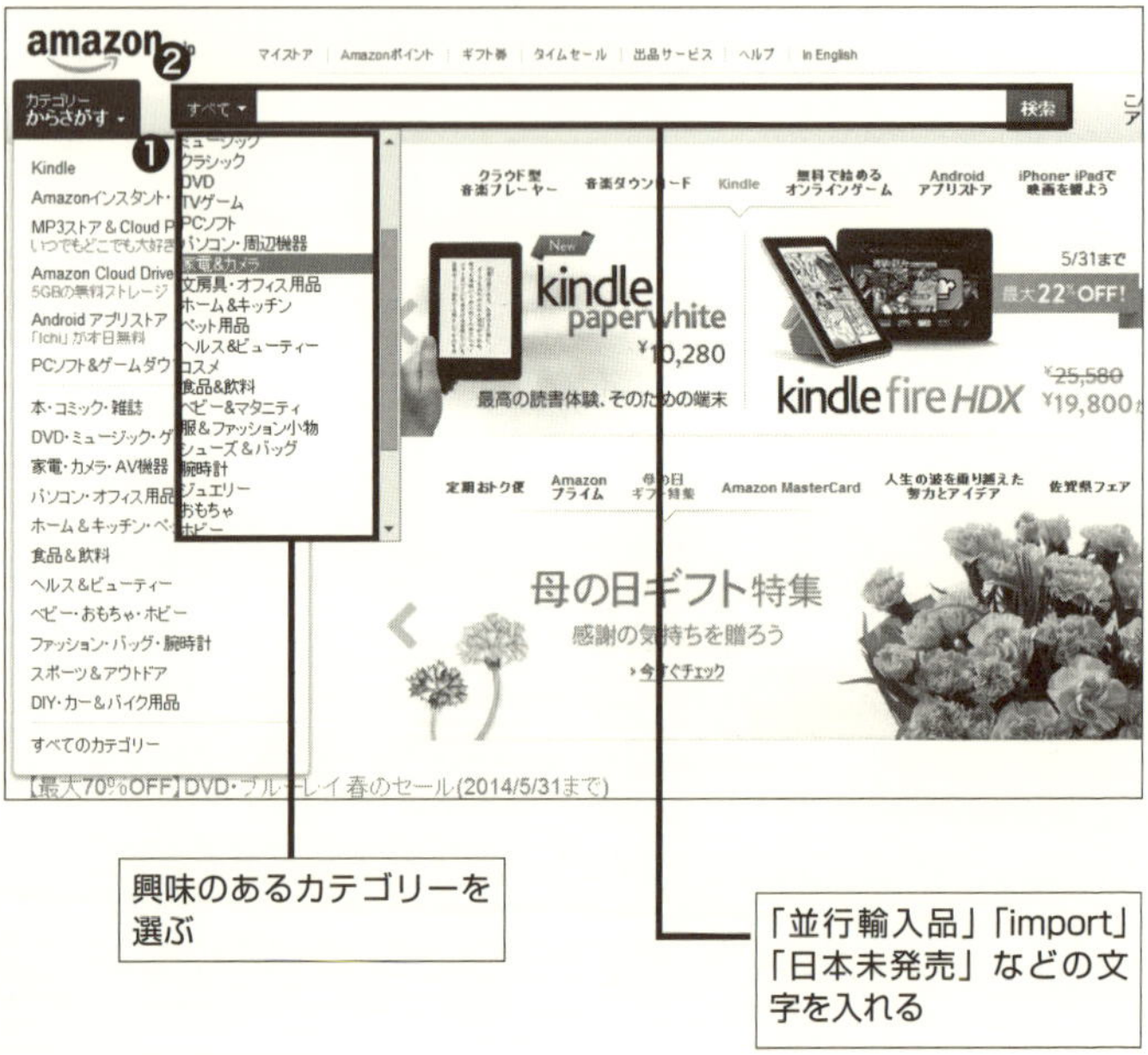

興味のあるカテゴリーを選ぶ
「並行輸入品」「import」「日本未発売」などの文字を入れる

■ ❸〜❹ 新品の商品

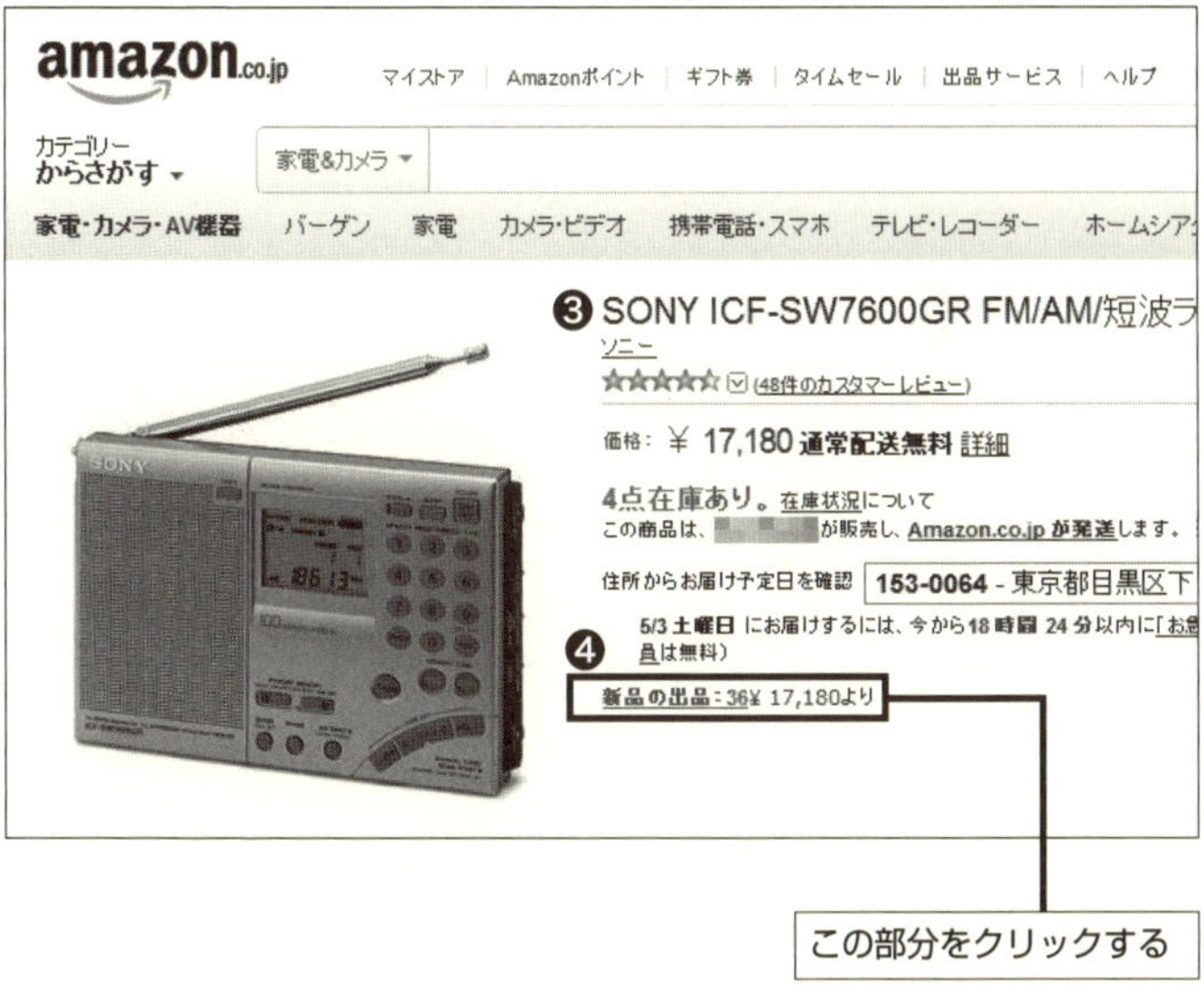
amazon.co.jp
マイストア
Amazonポイント
ギフト券
タイムセール
出品サービス
ヘルプ
カテゴリー からさがす
家電&カメラ
家電・カメラ・AV機器
バーゲン
家電
カメラ・ビデオ
携帯電話・スマホ
テレビ・レコーダー
❸ SONY ICF-SW7600GR FM/AM/短波ラ
ソニー
(48件のカスタマーレビュー)
価格： ￥ 17,180 通常配送無料 詳細
4点在庫あり。在庫状況について
住所からお届け予定日を確認 153-0064 - 東京都目黒区下
❹ 新品の出品：36￥ 17,180より
この部分をクリックする

■ ❺〜❻ 価格差で並んでいるセラー

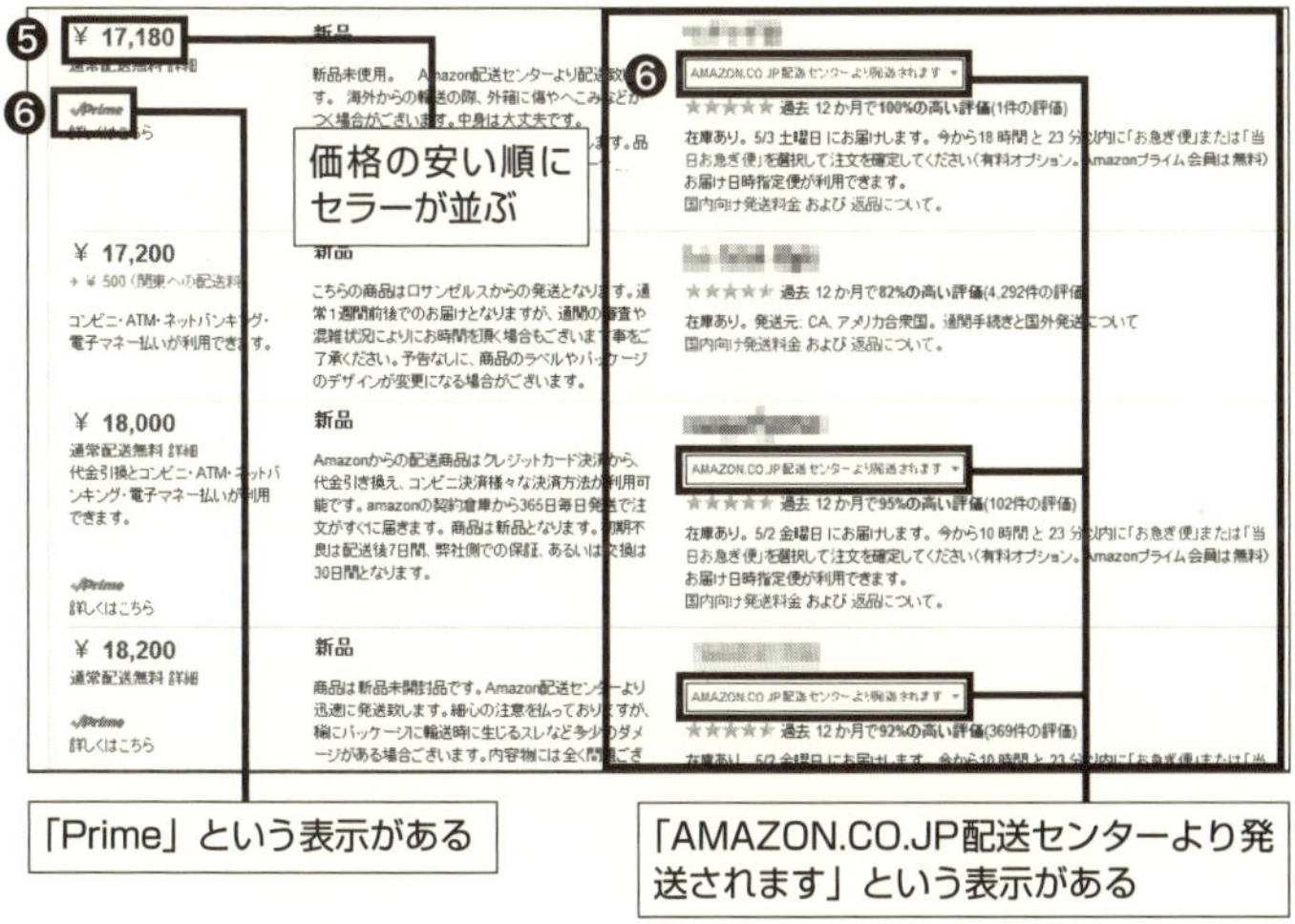
❺ ￥ 17,180
❻
新品
価格の安い順にセラーが並ぶ
❻ AMAZON.CO.JP 配送センターより発送されます
￥ 17,200
￥ 18,000
￥ 18,200
「Prime」という表示がある
「AMAZON.CO.JP配送センターより発送されます」という表示がある

そのセラーが、優先してチェックすべきセラーとなります。セラー名もしくは店舗ロゴをクリックして、そのセラーのページに飛んでいきましょう。ここで頁下の画像のように表示されているページが、そのセラーの「ストアページ」と呼ばれるものです。

ワンクリックでストアページに移動しない場合もあるので、そのときは、さらにページ左上の「〇〇〇のストア」というリンクをクリックし、ストアページに飛んでいきましょう。この**ストアページをリスト化して数多くストックしておくことで、そのあとの商品リサーチの効率は格段に高まっていきます。**

❼ セラーのストアページ

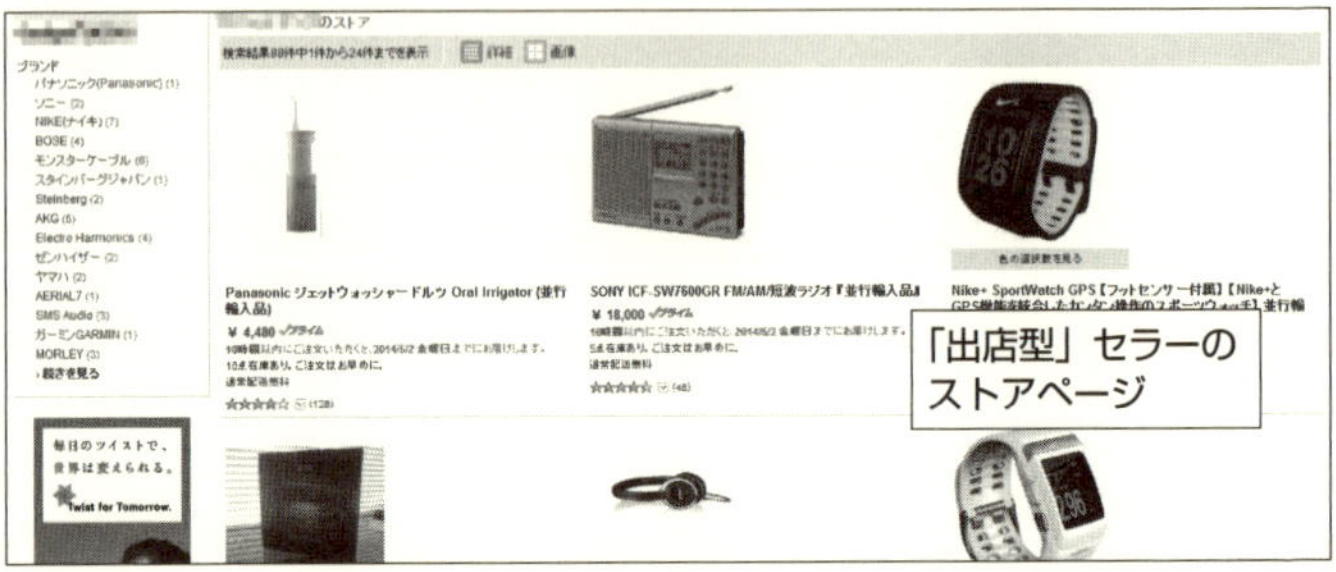
「出店型」セラーのストアページ

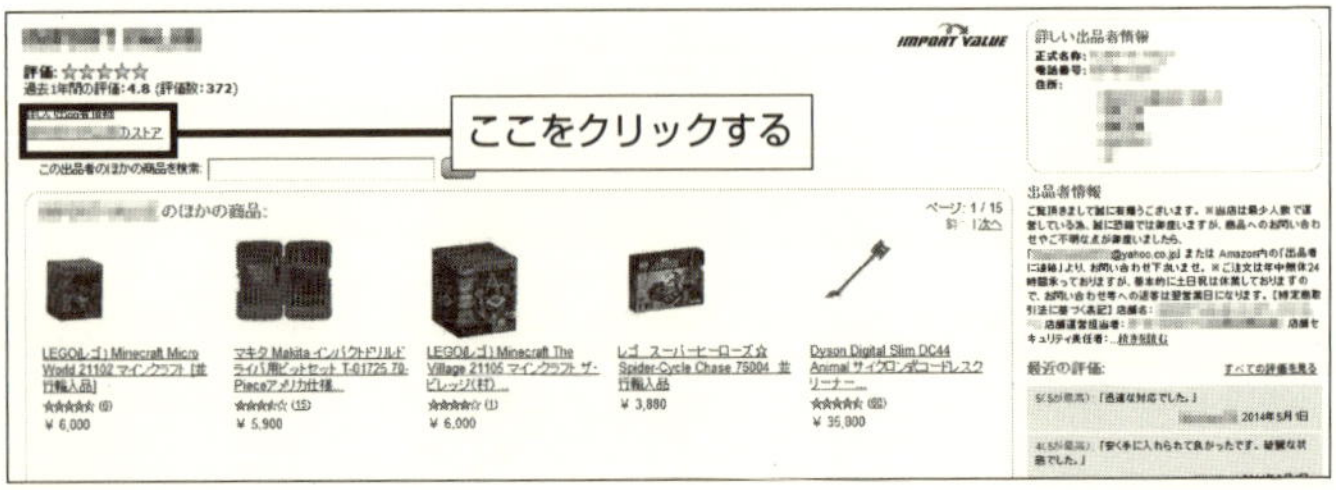
ここをクリックする

⚠優先すべきセラーのポイントは？

☑セラーの評価数の見方

　できれば数多くのセラーをストックしておいたほうがいいですが、その中で少しでも厳選しておきたい場合、扱っている商品数が多いか、全体の評価数が多いセラーを優先していきます。

　具体的には、**商品数は「数十種～数百種」、評価数は「100個～1000個」くらいがねらい目です。**この数を上回る場合は、商品数であれば、それこそ数万種類を出品している「無在庫出品者」であったり、評価数であれば、毎日のように大量に販売をしている専門業者であったりと、リサーチをする対象としては効率が悪くなってしまうので避けたほうが無難です。

　また、**「並行輸入品」と書かれている商品を数多く扱っているセラーもアメリカからの輸入を行っているセラーである確率が極めて高いので、ぜひマークしましょう。**

■理想のセラー

- ◉商品数：数十種～数百種
- ◉評価数：100個～1000個

☑ 商品数と30日間の評価数をチェック！

セラーの評価数は、「30日間」「90日間」「1年間」「全評価」と見ることができます。「全評価」の評価数を目安にセラーを探すのが基本ですが、もう一歩踏み込んで、**特に「30日間」の評価数を見てみましょう。ここを見ると「直近1カ月のおおよその販売数」を把握することができます。**

この評価の見方にはさまざまな説がありますが、私の体感上、**Amazon で商品を購入するお客様の中で評価をつけてくれるのは約20人に1人です。** つまり、もし「30日間」の評価数が「10」だった場合、そのセラーは直近1カ月で200個の商品を販売していると推測できます。

■ セラーの評価数

評価履歴:

評価	30日間	90日間	1年間	全評価
高い	100%	98%	92%	91%
普通	0%	2%	4%	6%
低い	0%	0%	3%	3%
評価数	19	50	118	381

この表の見方

また、前述したとおり、評価は「30日間」「90日間」「1年間」「全評価」と分かれています。**すべての評価数に比べて、直近30日間、また直近90日間の割合が高いようであれば、そのセラーは、かなり昇り調子のセラーといえます。逆に、その割合が低くなってしまっているセラーは「最近は売っていない」と考えられます。**

また、**セラーの扱っている商品ラインナップを見ると、そのセラーがメインで扱っている商品のだいたいの価格帯もわかります。**１万円くらいのものばかりを扱っているセラーの評価数が30日間で10個だった場合、そのセラーは月に２００個、つまり２００万くらいは売っているだろうなぁ……と想定することもできます。もちろん、単価の安い商品を高回転で売っていることも多々あるので確実とは言えませんが、だいたいの目安にはなると思います。

さらに、もしもそのセラーの扱っている商品が５種類しかなかった場合、たった５種類の商品で２００個を販売している可能性があります。

「このセラーは何をそんなに数多く売っているのだろう？」と一歩踏み込んだリサーチを行うことも可能となってきます。

このように、**セラーが扱っている商品の種類と「30日間」の評価数を見ることで、通常では見えない部分が見えてくる**こともあるわけです。

■ **2** 理想のセラーを探り当てる

☑	理想のセラー	◉ 商品数：数十種～数百種 ◉ 評価数：100個～1000個
☑	評価をつけてくれる割合	購入してくれたお客様のうち、だいたい20人に１人くらい
☑	昇り調子	直近30日間、90日間の評価数が高い
☑	下り調子	直近30日間、90日間の評価数が低い
☑	ラインナップ	扱っている商品ラインナップを見てだいたいの価格帯、売上金額を把握できる

セラーの評価数の見方

◉評価をつけてくれるのは約20人に1人
◉直近30日間、直近90日間の割合が高いセラーはかなり昇り調子
◉直近30日間、直近90日間の割合が低いセラーは「最近は売っていない」
◉扱っている商品ラインナップで価格帯を把握

⚠「有在庫」と「無在庫」を見分けてリサーチを効率よく行う

☑3パターンのセラーがいる

セラーの中には在庫を持って販売を行っている、いわゆる**「有在庫」のセラーと、在庫を持たずに商品が売れてからはじめて仕入れを行う「無在庫」のセラー、それら2つを並行して行っているセラーがいます。**

このようにタイプの異なるセラーを見分けることで、さらにリサーチの効率を上げていくことができます。それでは1つずつ説明していきましょう。

☑「無在庫」セラーの見つけ方

扱っている商品の大多数を**無在庫で出品しているセラーは、基本的には「FBA出品」はしていません。**ＦＢＡ出品をしているかどうかは、それぞれの商品の出品者一覧に出てくるセラー名、もしくは店舗ロゴの下に「**AMAZON.CO.JP**配送センターより発送されます」とオレンジ色で表示されているかどうかで判別できます。このときに先ほどの文言が表示されていないセラーはＦＢＡ出品をしていません。さらに、**セラーのコメントに「お届けまで約2週間ほど」と書かれていた場合、そのセラーは商品を無在庫で出品している可能性が高くなります。**

☑「有在庫」セラーの見分け方

この逆のパターンが「有在庫」のセラーです。もちろん、在庫を自宅などで保管して自分で発送をしているセラーもいますが、有在庫のセラーのほとんどはＦＢＡ出品をしているというのが現状です。

有在庫と無在庫を巧みに織り交ぜているセラーもいますが、**みなさんが見つける対象、そしてビジネスとして目指すべきは「有在庫」のセラーです。**なぜ無在庫ではなく有在庫のセラーをチェックすべきかというと、無在庫セラーは商品数があまりにも多く、一つひとつの商品を見ていく時間を考えると効率が悪いためです。

また、みなさんがＦＢＡセラーとして実践を行っていく以上、やはり**同じようにＦＢＡセラーとして在庫を持って実践をしているセラーを参考にすることこそが、最短で駆け上がるのに一番手っ取り早いと考えられるからです。**このため、チェックしていく優先順位としては、やはり「有在庫のセラー」➡「無在庫のセラー」となります。

ステップ③ 販売経験豊富なセラーの「4番打者」商品をマネしよう

☑ 優良セラーの稼ぎ頭を見つけよう

自分も含め、ある程度実践を積んでいるセラーはそれぞれ「主力商品」というものを抱えています。それは**野球でいえば「4番打者」にあたるくらい、そのセラーの稼ぎ頭といえるものになります。**明確に意識はしていなくとも、毎回確実に売れていき、利益が取れ、何度も仕入れを繰り返している商品があるはずです。中にはたった1商品だけで売上の半分以上を占めているセラーさんもいるようです。

セラーリサーチ、商品リサーチをしていく過程でそのようなことを頭の片隅に入れておくこと

❸ 無在庫・有在庫セラーの見分け方

☑	無在庫セラー	◉ 商品の出品者一覧に出てくるセラー名、店舗ロゴの下に「AMAZON.CO.JP配送センターより発送されます」とオレンジ色で表示されていない ◉「お届けまで約2週間ほど」と書かれている
☑	有在庫セラー	商品の出品者一覧に出てくるセラー名、店舗ロゴの下に「AMAZON.CO.JP配送センターより発送されます」とオレンジ色で表示されている

無在庫セラーの見分け方

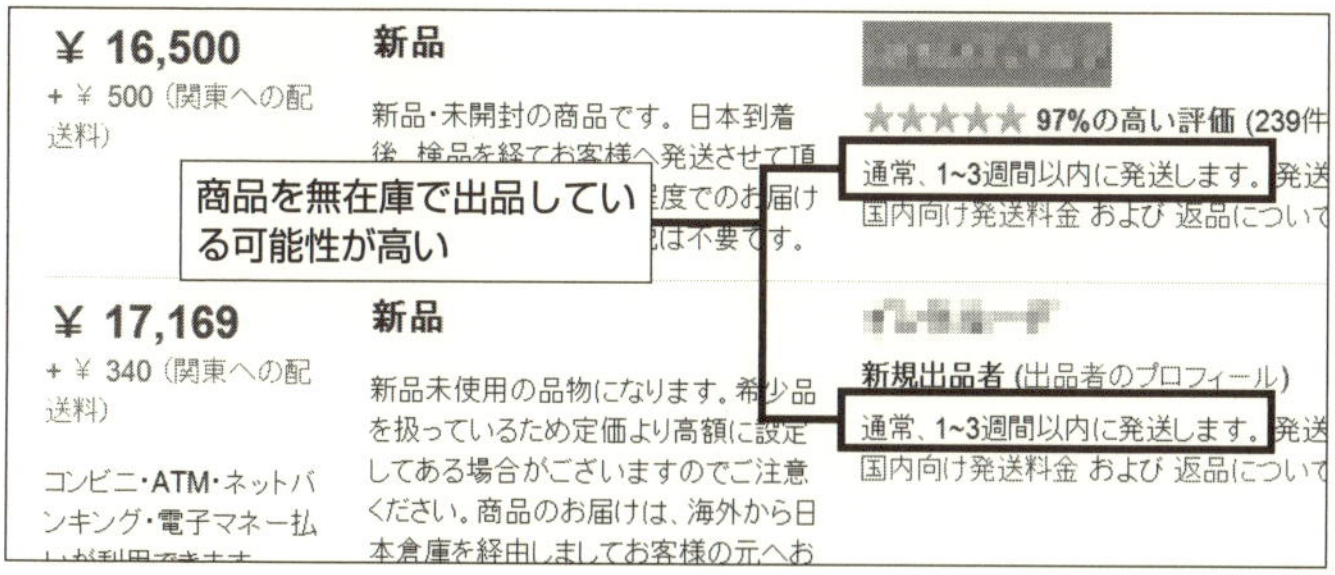

有在庫セラーの見分け方

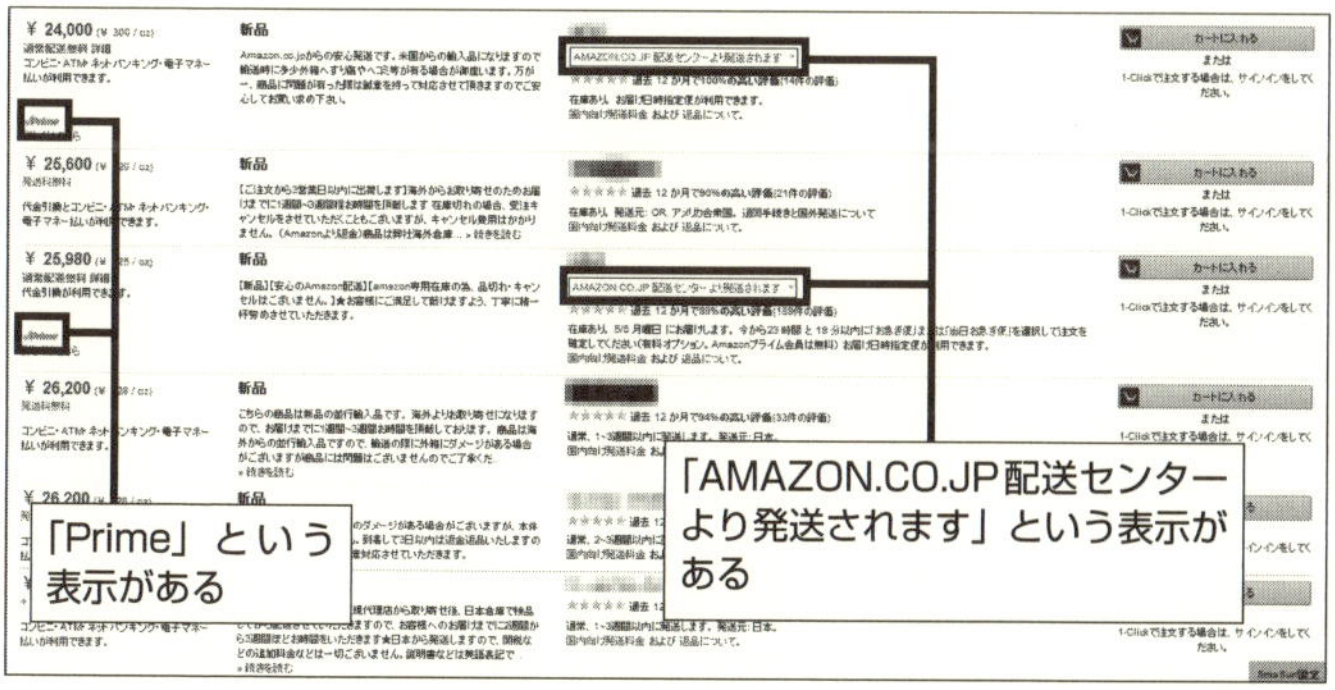

で、思いもよらないいい商品と巡りあったりします。では、それらはどのように見抜くべきなのでしょうか。

ストアページの最初の商品に注目！

Amazonのシステムは便利なもので、セラーのストアページを開くと、そのセラーの商品群が「ほぼ、売れている順」に並んでいます。それらを上から順にチェックしていくことで、効率よく売れている商品を探すことができます。まずは、ストアページの「1ページ目」をチェックしてみましょう。

もっといってしまうならば、**「ベスト3」の中に「4番打者」が入っている可能性が高い**はずです。このときにもうひとつ目をつけるべきポイントとして、「1つの商品の在庫を大量に抱えている」ということが挙げられます。

仕入れ元を探ってみる

気になる商品を見つけ、とりあえずランキングやプライスチェックで確認して異常に売れていると判断できる場合があります。そんなときは、どこからどうやって仕入れているかを探ってみるといいでしょう。

アメリカのAmazonやeBayなどで価格差がない場合は、eBayセラーやネットショップ等と直接取引をして安く仕入れているという可能性もあるでしょう。**ほかのセラーのそのような主力商品（4番打者やクリーンアップ）を探し、その仕入れ先まで押さえることができれば利益が急増することも十分に考えられるわけです。**

Excelに「セラーリスト」をストックしていく

☑ 直リンクアドレスをチェック

セラーをリサーチしたあとはそれっきり……というのは、非常にもったいないことです。

一度いいと思ったセラーはExcelに入力しておくことで、また後日そのセラーをリサーチすることができます。そのときに推

■ストアページの「1ページ目」

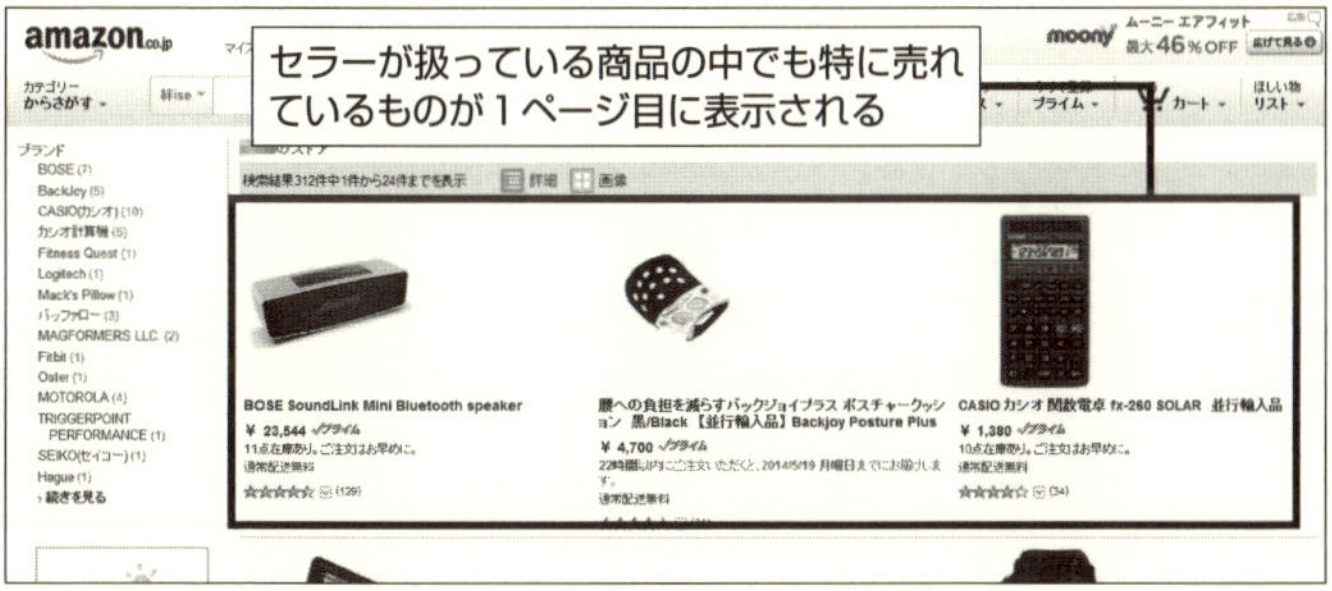

奨する方法としては、セラー名などとは別に、「セラーのストアページへの直リンクアドレス」を保存しておくことです。

☑ ABCなどのランクづけをしてみる

また、エクセルにはほかにも行を挿入し、たとえば自分がかなりいいセラーだと思ったら「A」、そこそこいいと思ったら「B」、あまりよくなければ「C」など、自分への備忘録として残しておくことも後々に活きてくるでしょう。

セラーリストや商品リストは輸入ビジネスを展開するうえであなたの「資産」そのものになってきます。リサーチの際、それらをその都度ストックしていくことで、見えない資産を増やしていってみてください。

■ ❹ 優良セラーの4番打者商品を探す

☑	**優良セラーのページ**	これまでのリサーチ方法で優良セラーを探し、そのストアページに飛ぶ
☑	**商品順を確認する**	ストアページを開くと、そのセラーの商品群が「ほぼ、売れている順」に並んでいることがわかる
☑	**商品順を確認する**	上から順にチェックして、効率よく売れている商品を探す。上位ベスト3の中に4番打者商品が入っている可能性大

STEP 09 ステータス① ステージ② いよいよ「商品リサーチ」

ステップ① セラーの「ストアページ」の見方

STEP 08では、「まずは輸入品を扱っているセラーを探す」ということについて説明をしてきました。よさそうなセラーを何人か見つけたら、次は実際に商品のリサーチをしてみましょう。

まずはストアページの全体を確認

まずは輸入セラーの「ストアページ」を開いてみてください。ストアページには1ページあたり基本的に24個の商品が並んでいます。対象のセラーが48種類の商品を扱っている場合は、ストアページが2ページになっているわけです。

ストアページを開いたら、まずは1ページ目だけでいいのでザッと下まで眺めてみましょう。

このときに「並行輸入品」と書かれている商品を多く扱っているセラーは、アメリカからの輸入をメインで行っている可能性がとても高いセラーです。逆にそうでない場合は、中国輸入や国内転売などをメインで行っている可能性が高いので、そのようなセラーはリサーチの対象から外してしまいましょう。

ストアページは商品が「ほぼ売れている順」に並んでいます。ですから、商品を上から順にチェックしていくことで効率よくリサーチができるわけです。後ほど説明するツール「プライスチェック」を見て、明らかに売れていない商品が続いた場合、「このセラーからはこれ以上いい商品は見つけられないな」と考えて、次のセラーのリサーチに移っていくのが、時間効率を考えるとベストだといえます。

☑ストアページから「商品ページ」へと飛ぶ

それでは、セラーのストアページから一つひとつ商品を見ていきましょう。

ストアページの上の商品から順にチェックをしてみます。商品の名前か商品画像をクリックしてみると、その商品のページに飛んでいきますが、**このページは「そのストアの商品ページ」で**

あり、すべてのセラーが集う「商品そのもののページ」ではありません。

商品そのもののページに飛ぶためには、まず左上の**Amazon**のロゴをクリックしてみましょう。そしてページの少し下のほうへいくと、「最近チェックした商品」にその商品があるので、それをまたクリックします。

これで、すべてのセラーの一覧も見ることができる、商品そのもののページにたどり着くことができました。

ストアの商品ページからリサーチをしてしまうと、そのセラーの販売価格が基準となってしまいます。また、競合セラーの数などもまったく把握できず参考になりません。ちょっと一手間かかりますが、必ず商品そのもののページ（正式な商品ページ）からリサーチすることを心がけてください。

⚠「ASINコード」って何？

Amazonの商品には、それぞれ固有の型番のようなものが割り当てられています。「**Amazon Standard Identification Number**」、通称「**ASIN**コード」と呼ばれるものです。

■❺ ストアページから「商品そのもののページ」への行き方

❶ 全体確認	まずはストアページの全体をざっと確認
❷ 輸入品を扱うセラーを探す	商品のうしろに「並行輸入品」「import」「輸入品」「日本未発売」と書いてある商品が多いセラーを探す。書いていないセラーは見送る
❸ 上の商品から見る	商品の名前か商品画像をクリックしてみると、その商品のページに飛ぶが、このページは「そのストアの商品ページ」であり、「商品そのもののページ」ではない
❹「最近チェックした商品」	左上のAmazonロゴをクリックしトップページに戻る。ページの少し下のほうに「最近チェックした商品」にその商品があるので、それをまたクリック
❺ 商品そのもののページ	すべてのセラーの一覧も見ることができる、商品そのもののページにたどり着くことができる

■❶〜❷ アメリカからの輸入をメインで行っているセラーを探す

商品名に「輸入品」「並行輸入品」「import」と入っている

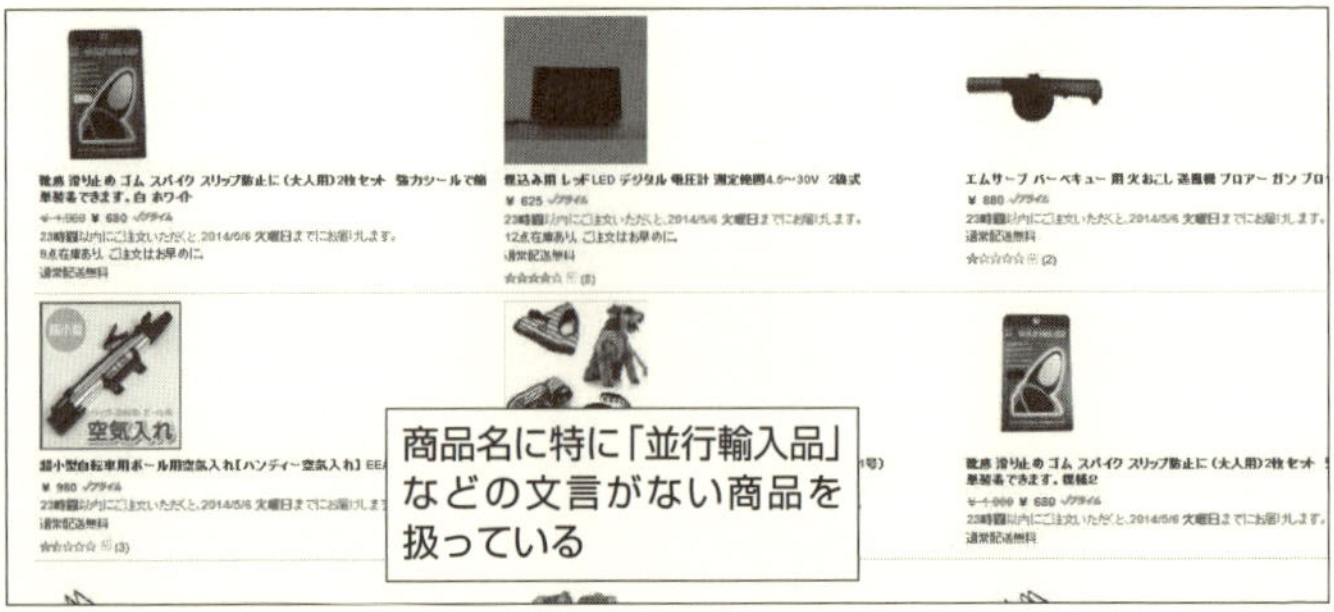
商品名に特に「並行輸入品」などの文言がない商品を扱っている

❸ アメリカからの輸入を行っているセラーストアの商品ページ

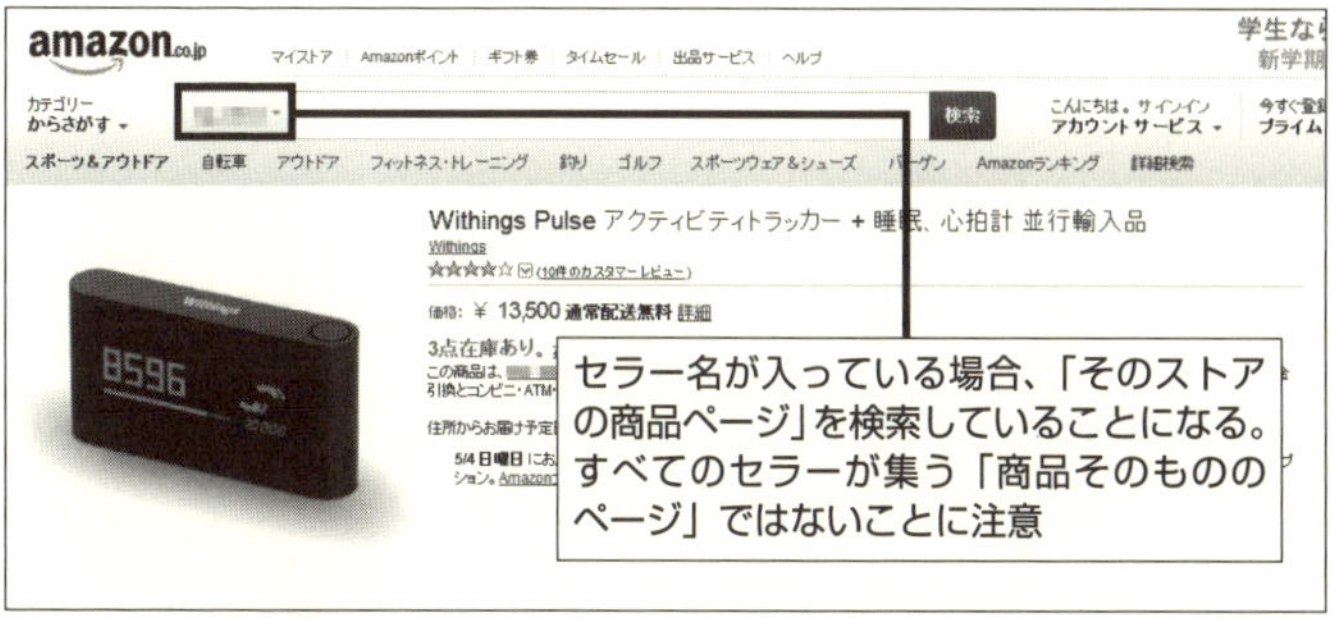

❹ Amazonの「最近チェックした商品」

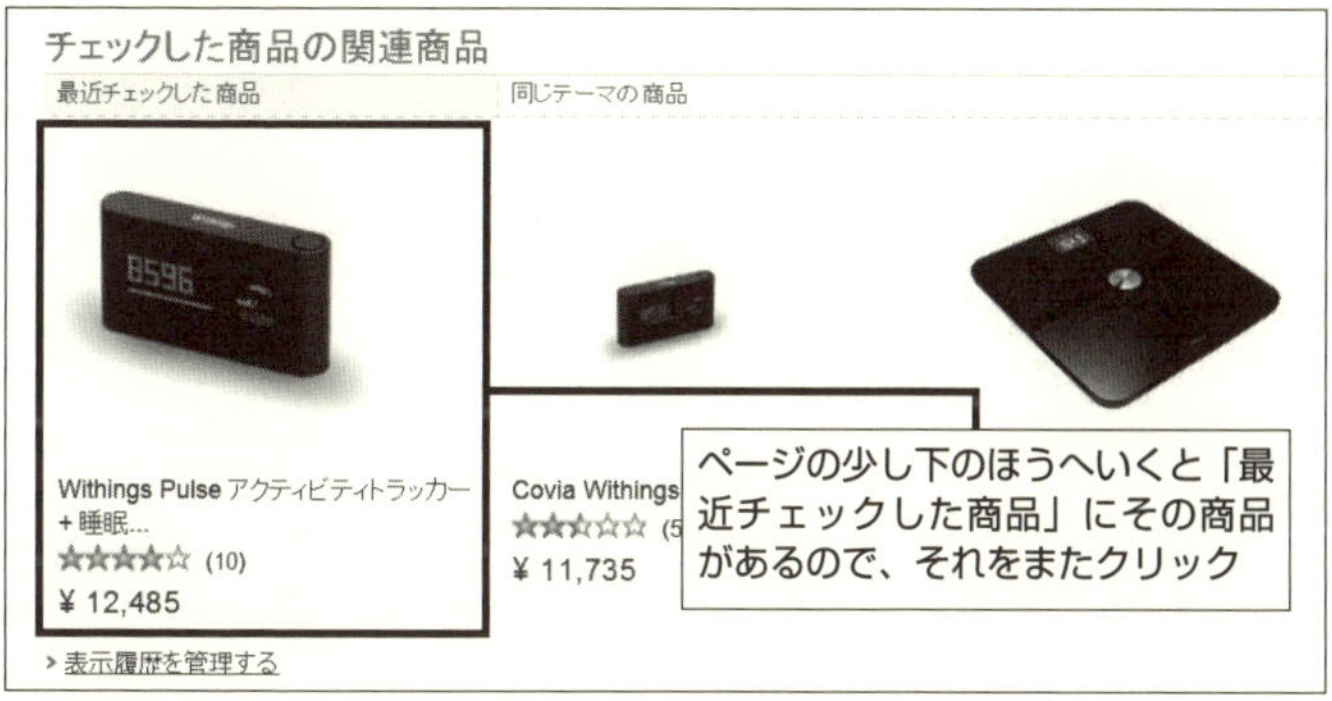

❺ 商品そのもののページ

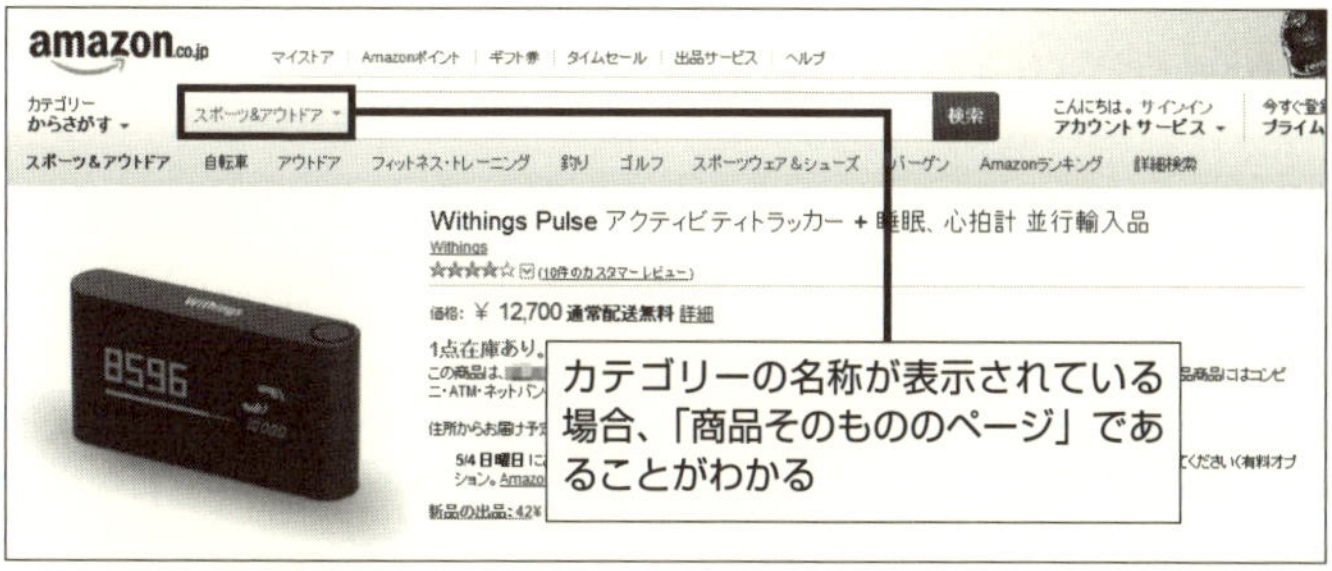

試しに何かの商品ページの下のほうにスクロールさせてみてください。「登録情報」の中に「**ASIN**」と書かれたものがあり、それがその商品の**ASIN**コードになります。

日本の**ASIN**コードとアメリカの**ASIN**コードが一致する場合は、アメリカの**Amazon**にその商品の**ASIN**コードを入力することで同じ商品を見つけることができます。**ASIN**コードが一致しない場合は商品名をコピーペーストして同じ商品を探していくことになります。どちらの場合も効率がいいやり方があるので、後ほど詳しく説明します。

ステップ❷「SmaSurf」の設定

商品リサーチを行ううえで欠かすことのできないものが、**Google Chrome**の拡張機能「**SmaSurf**」です。これを使えばアメリカ**Amazon**に**ASIN**コードをコピーペーストする必要がなくなります。それ以外にも**SmaSurf**には便利な機能があるので、まずはその説明をしていきます。

■ ASINコード

登録情報

ASIN	B001UKS150
おすすめ度	この商品の最初のレビューを書いてください。
Amazon ベストセラー商品ランキング	DIY・工具 - 15,589位 (ベストセラーを見る) 852位 – DIY・工具 > 測定工具
Amazon.co.jp での取り扱い開始日	2012/7/18

3つの確認項目をチェックする

STEP 05（66ページ参照）の手順で「**SmaSurf**」を入れてみると、**Amazon**で商品ページを開いたとき、右下にオレンジ色で「**SmaSurf**設定」と表示されます。ここにカーソルをあわせ「アイテムクイックを表示する」にチェックを入れます。すると、商品ページ右側にアイテムクイックの一覧が表示されるので、さらに「**Amazon**アメリカ」「**Price Check**」「FBA料金シミュレータ」にチェックを入れてみましょう。

この3つにチェックを入れ、その一覧の右上「★」のマークをクリックします。これで、日本の**Amazon**の商品ページのタブのほかに、アメリカ**Amazon**、プライスチェック、FBA料金シミュレータの3つのタブが開かれることになります。基本的には、この4つのタブを吟味して、その商品が仕入れに値するかを確認していくことになります。4つのタブを表示させたら、まずは「プライスチェック」を見てみましょう。

■「SmaSurf」の設定

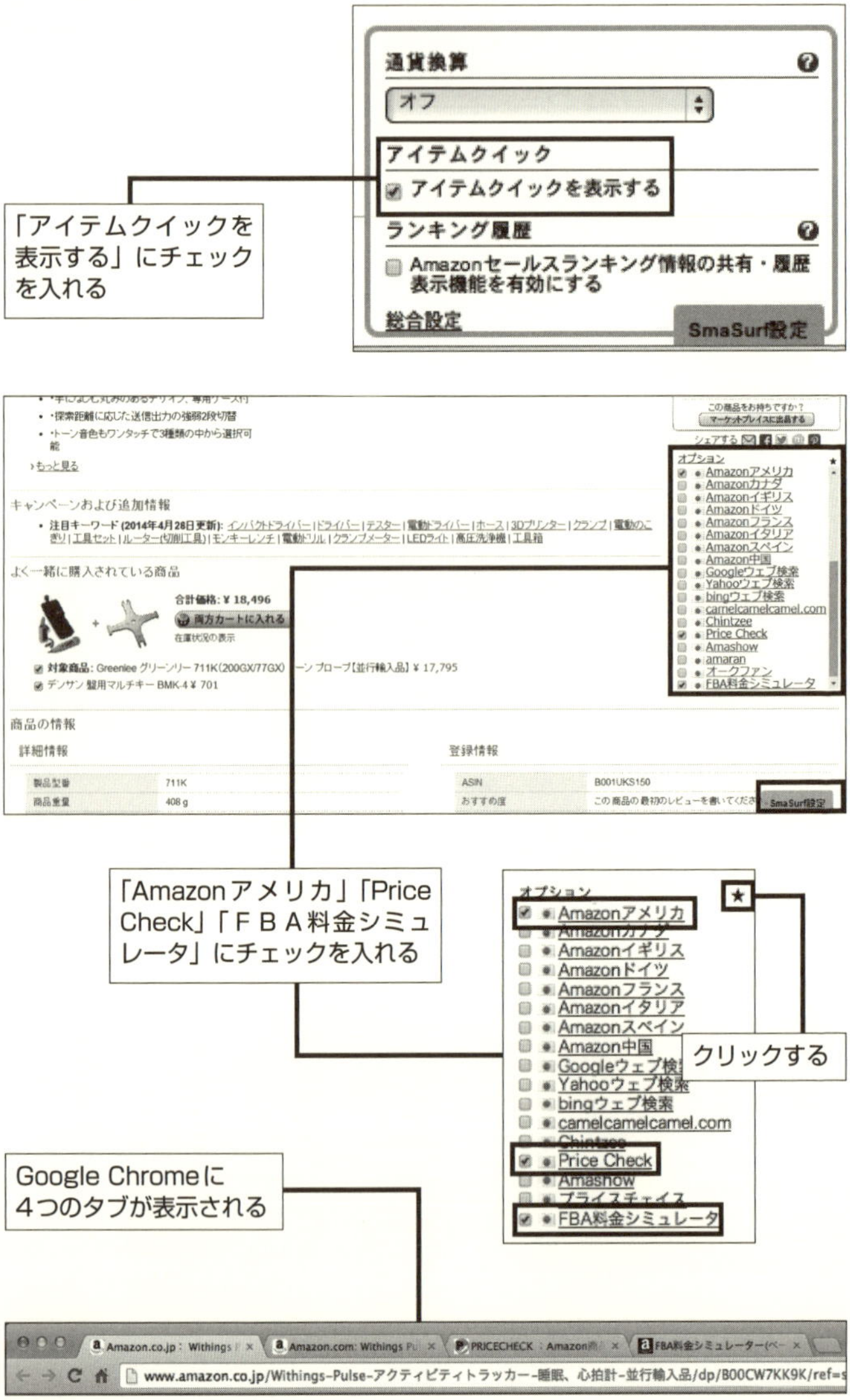

通貨換算
オフ
アイテムクイック
アイテムクイックを表示する
ランキング履歴
Amazonセールスランキング情報の共有・履歴表示機能を有効にする
総合設定
SmaSurf設定
「アイテムクイックを表示する」にチェックを入れる
オプション
Amazonアメリカ
Amazonカナダ
Amazonイギリス
Amazonドイツ
Amazonフランス
Amazonイタリア
Amazonスペイン
Amazon中国
Googleウェブ検索
Yahooウェブ検索
bingウェブ検索
camelcamelcamel.com
Chintzee
Price Check
Amashow
amaran
オークファン
FBA料金シミュレータ
「Amazonアメリカ」「Price Check」「FBA料金シミュレータ」にチェックを入れる
クリックする
Google Chromeに4つのタブが表示される
Amazon.co.jp：Withings
Amazon.com: Withings
PRICECHECK：Amazon
FBA料金シミュレーター
www.amazon.co.jp/Withings-Pulse-アクティビティトラッカー-睡眠、心拍計-並行輸入品/dp/B00CW7KK9K/ref=s

❻「SmaSurf」の設定

☑	**SmaSurfをインストール**	Google Chromeの右上「設定」から「拡張機能」へ進み「SmaSurf」を検索、インストールする
☑	**「アイテムクイックを表示する」**	Amazonで商品ページを開いたとき、右下にオレンジ色で「SmaSurf設定」と表示される。ここにカーソルをあわせ「アイテムクイックを表示する」にチェックを入れる
☑	**3つの項目にチェック**	アイテムクイックの一覧が表示されるので「Amazonアメリカ」「Price Check」「FBA料金シミュレータ」にチェックを入れて、一覧の右上「★」のマークをクリック
☑	**4つのタブが表示**	日本のAmazonの商品ページのタブのほか、アメリカAmazon、プライスチェック、FBA料金シミュレータの3つのタブが開かれる

ステップ③ 「プライスチェック」で売れ行きチェック！

プライスチェックは、上から「ランキング変動グラフ」「新品価格変動グラフ」「中古価格変動グラフ」の順に並んでいますが、**見るべきところは「ランキング変動グラフ」です。このグラフを見ることで「直近3カ月の間に何回くらいその商品が売れているか」を大まかに把握することができます。**

このグラフが1回上昇している場合、その商品は1個以上売れたと推測できます。「1個以上」と書いたのは、1日に複数個売れたとしても、上昇は1回だからです。

たとえば3カ月で約15回の上昇がある場合、その商品は1カ月でおよそ5回売れている商品であると考えることができるわけです。

7「プライスチェック」の設定

☑	見るべき個所	上から「ランキング変動グラフ」「新品価格変動グラフ」「中古価格変動グラフ」の順に並んでいるが、見るべきところは「ランキング変動グラフ」
☑	グラフの見方(1)	グラフが1回上昇している場合、商品が1個以上売れたと推測できる（1日に複数個売れたとしても上昇は1回）
☑	グラフの見方(2)	たとえば3カ月で約15回の上昇がある場合、その商品は1カ月でおよそ5回売れている商品
☑	グラフの見方(3)	右側へいけばいくほど「直近」の表示になる。たとえば右肩上がりのグラフになっている場合は、その商品は最近特によく売れていることになる
☑	商品の選び方	3カ月で3回しかグラフが上昇していない商品などは仕入れを避け、できるかぎりグラフの上昇回数が多い商品を選ぶ

「プライスチェック」のグラフの動き

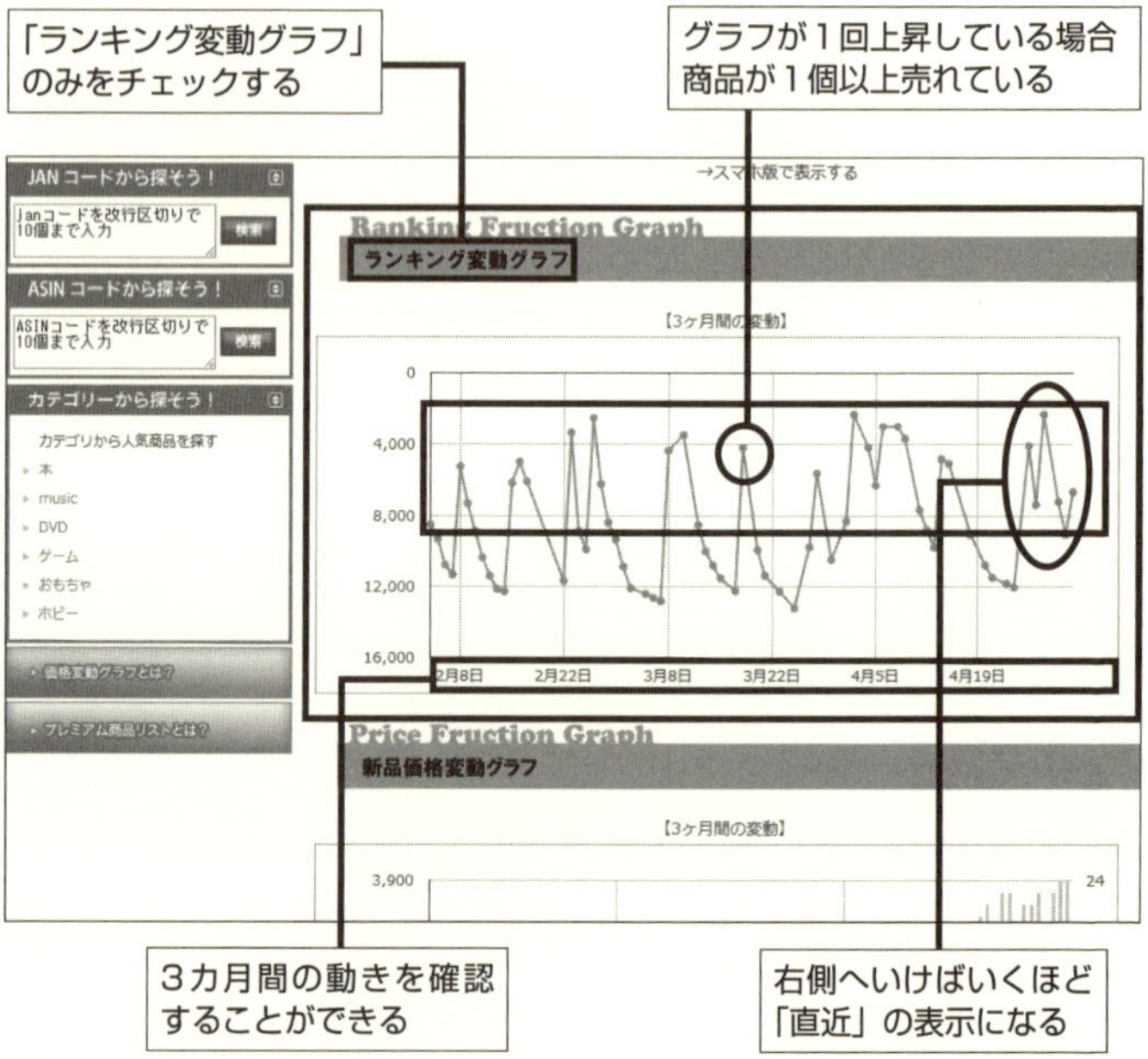

右側へいけばいくほど「直近」の表示になるので、たとえば右肩上がりのグラフになっている場合は、その商品は最近特によく売れていると考えることができます。

また爆発的に売れている商品の場合、このランキング変動グラフのブレ具合はものすごいことになります。商品によっては、グラフが天井にへばりついているようなものもあります。

私たちが商品の仕入れを考える際、結局は「売れるもの」を扱わなければいつまで経ってもその商品はさばけません。このグラフを見ることで、1カ月におよそどれくらい売れているのかを把握することができるので、**3カ月で3回しかグラフが上昇していない商品などは仕入れを避けて、できるかぎりグラフの上昇回数が多い商品を選んでいきましょう。**

⚠「Amazonランキング」に頼ってはいけない

Amazon輸入の実践をはじめたばかりのころ、とても多いケースとして「ランキングしか見ていない」という人がいます。私自身、最初はランキング重視の仕入れを行っていました。結論からいうと、これは非常に危険です。なぜなら**普段ほとんど売れていないような商品でも1回売れただけでランキングが跳ね上がるということが多々あるからです。**たとえばDVDカテゴリーで

20万位くらいのものが1度売れただけで5万位になったりする場合があります。

もし、DVDカテゴリーのご自身の仕入れ基準を5万位以内としていた場合、「お、5万位じゃん！」という具合に仕入れたりすると思いますが、そのような商品はいつまで経っても売れなかったりします。あくまでもランキングは、プライスチェックを見てもいまいち判断しづらい場合に、「データの裏づけ」程度に見るに留めておいたほうがいいでしょう。

⚠プライスチェックにデータが反映されない商品

プライスチェックを見ていくと、たまにランキングの上昇がよくわからない状態になっているものがあります。

これは**プライスチェックがデータを拾いきれていないものであったり、また発売されたばかりの商品である場合が多い**

■「プライスチェック」ランキングの上昇が不明瞭

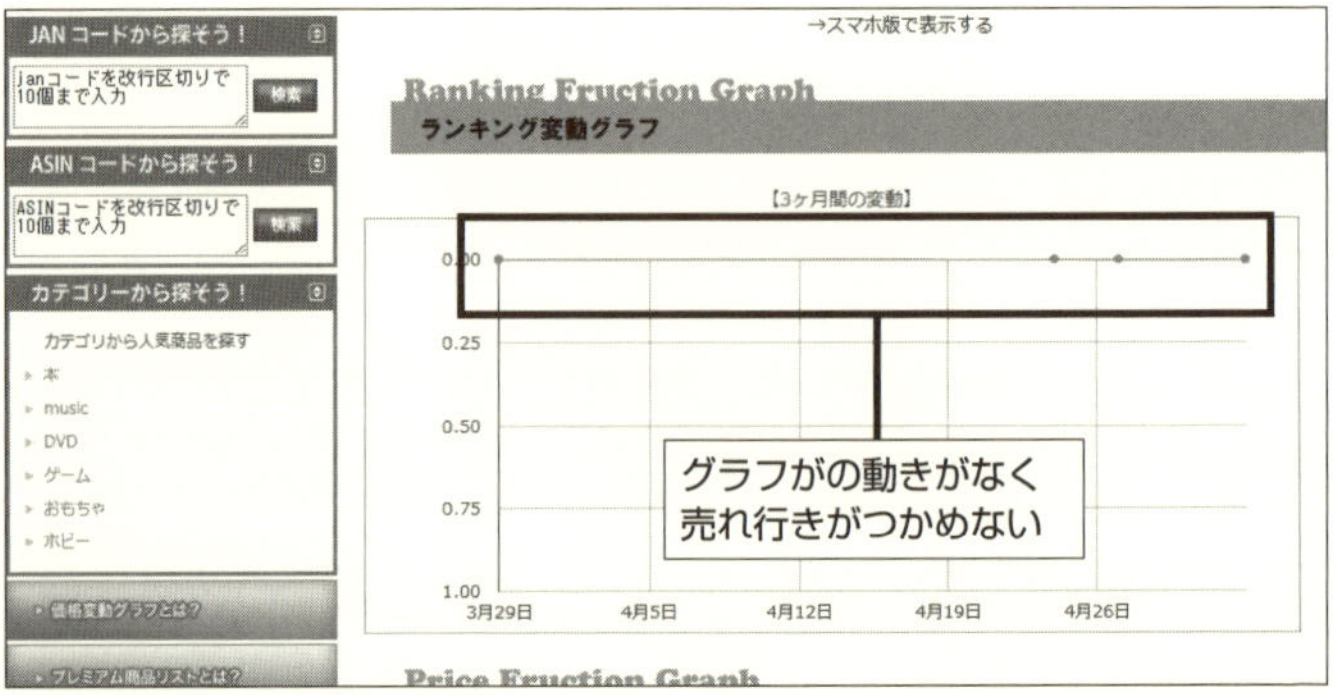

ものです。このようなケースのときに、はじめてランキングを見てみましょう。

実践経験を積んでいくと、カテゴリーごとに「だいたい何位くらいであればどの程度売れているか」がわかるようになっていきます。すると、プライスチェックを見てもよくわからなかったときにランキングを見てみることで、ある程度の売れ行きを推測することができてくるわけです。

このように、自分なりにカテゴリーごとのランキングの基準を設けることも大切ですが、**あくまでも、「プライスチェック➡ランキング」の優先順位で売れ行きを判断していきましょう。**

⚠競合セラーの数を確認する

Amazonではもちろん1つの商品を自分だけが売っていけるわけではありません。売れる商品には当然たくさんのセラーが集まってくることになります。リサーチをしているときに、まずは「その商品には何人くらいのセラーがいるか」を確認してみましょう。

☑「新品の出品」をチェックする

まず商品ページを開いてみると、商品画像の横に「新品の出品：13」の表示があります。

■ 8 競合セラーの数を確認する

☑	**見るべき個所**	商品ページを開くと、商品画像の横に「新品の出品：13」の表示を確認する
☑	**「新品の出品：13」をクリック**	その商品を出品しているセラーがズラッと表示される
☑	**FBAセラーを見つける**	セラー名か店舗ロゴの下に「AMAZON.CO.JP 配送センターより発送されます」と書いてある場合、または商品価格の下に青字で「Prime」と表示されている

■ 新品の出品

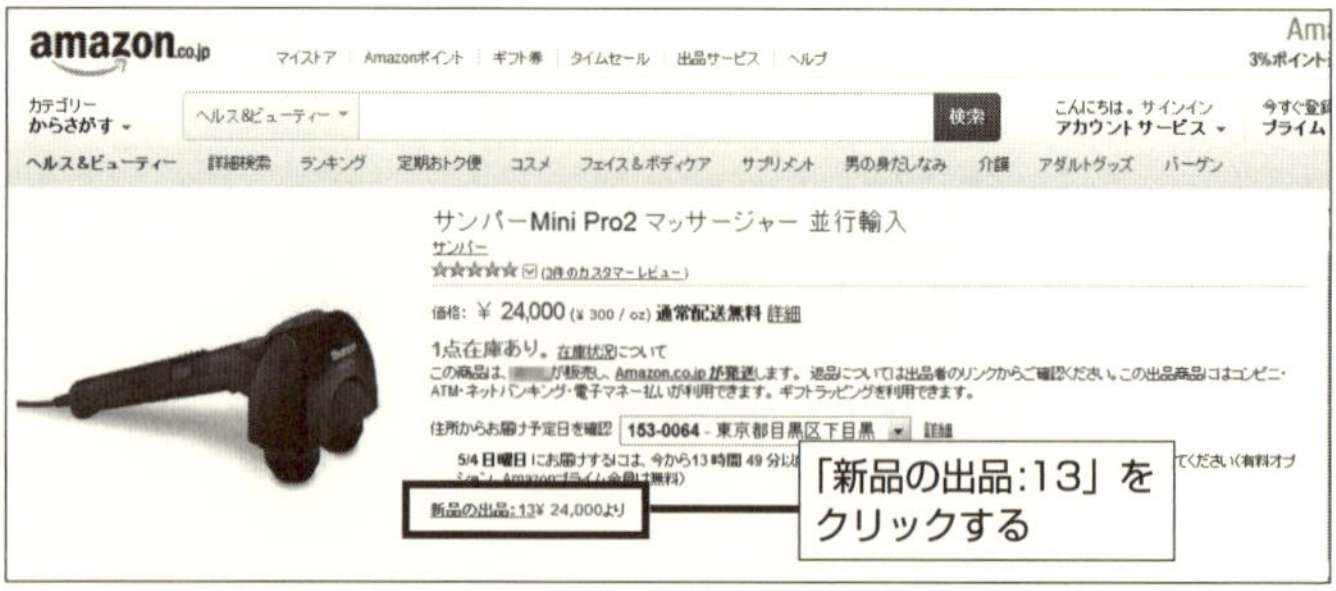
amazon.co.jp
サンバーMini Pro2 マッサージャー 並行輸入
価格: ¥ 24,000
新品の出品: 13¥ 24,000より
「新品の出品:13」を
クリックする

■ 「AMAZON.CO.JP配送センターより発送されます」「Prime」と表示されている場合

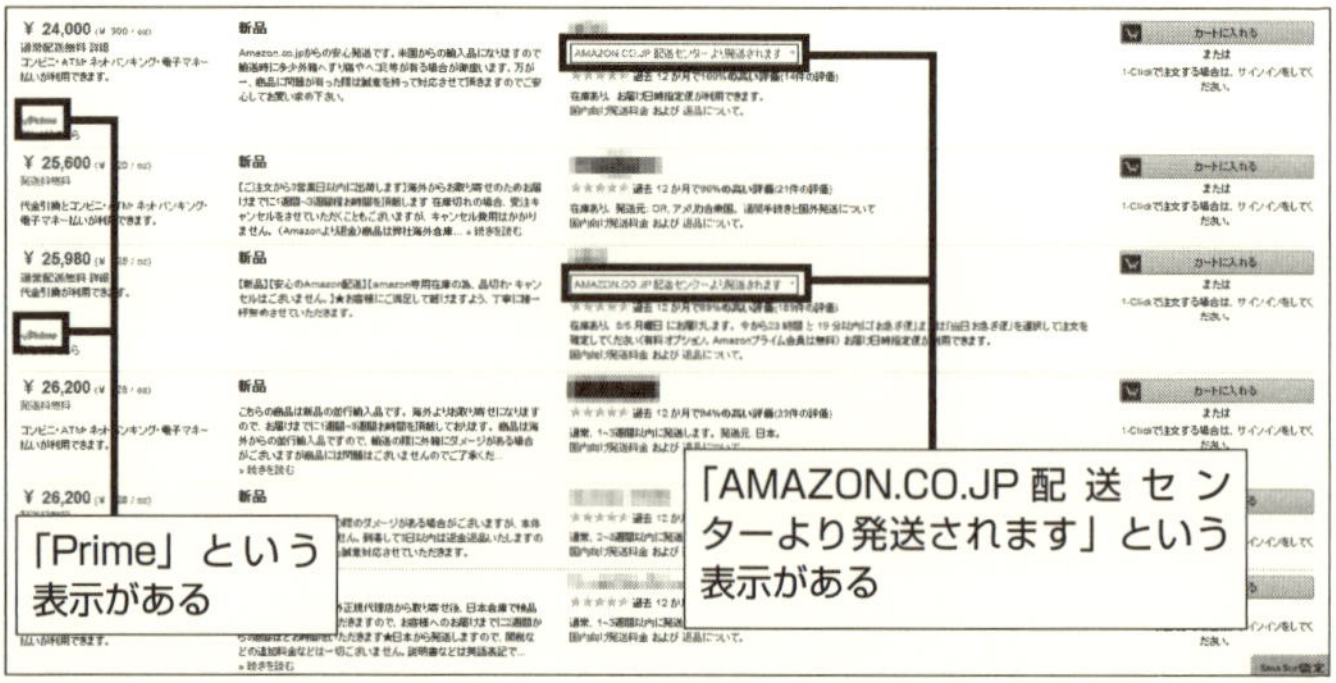
「Prime」という
表示がある
「AMAZON.CO.JP 配送センターより発送されます」という
表示がある

この商品の場合は「13人のセラー」がいることになりますが、本当に見るべきところはその数字ではありません。「新品の出品：13」をクリックすると、その商品を出品しているセラーがズラッと表示されます。**このときに、セラー名か店舗ロゴの下に「AMAZON.CO.JP 配送センターより発送されます」と書いてある場合、または商品価格の下に青字で「Prime」と表示されている場合、その人たちは「FBAセラー」なので、その数こそが競合セラーの数と考えましょう。**

「FBAセラーは、自己発送のセラーと比べて圧倒的に有利」というシステムのため、一見競合セラーが13人いるように思えますが、実際競合と呼べるセラー数は2人と判断できるわけです。

出品者にAmazonがいる場合は競合を避ける

私たちがリサーチをしていくと、「その商品をAmazonが販売している」というケースがよくあります。**ここで最初に念を押しておきたいのは「Amazonは最強のセラーである」ということです。**もしも私たちがAmazonと同程度の価格で商品を出品した場合、「カートボックス」をほぼ間違いなくAmazonに奪われてしまいます。**Amazonが出品している商品は基本的には仕入れを避けるということが必要になってきます。**

仕入れを検討してもよいケースとして挙げられるのは「**Amazon**が価格競争に加わってきていない場合」「**Amazon**が在庫切れを起こしている場合」ですが、どちらの場合も状況が一変してしまうことがあります。基本的にはやはり仕入れは避けるべきだといえます。ある程度実践経験を積んでいくと、「**Amazon**との戦い方」も少しずつわかってくるので、戦うのはそれからにしましょう。

⚠「FBA料金シミュレーター」で入金額を確認

商品が売れると、売上から手数料を引かれた金額が、登録している銀行口座に振り込まれます。では、その金額はいくらなのでしょうか？　それを事前に把握する手段として「ＦＢＡ料金シミュレーター」があります。

■ Amazonが競合にいるケース

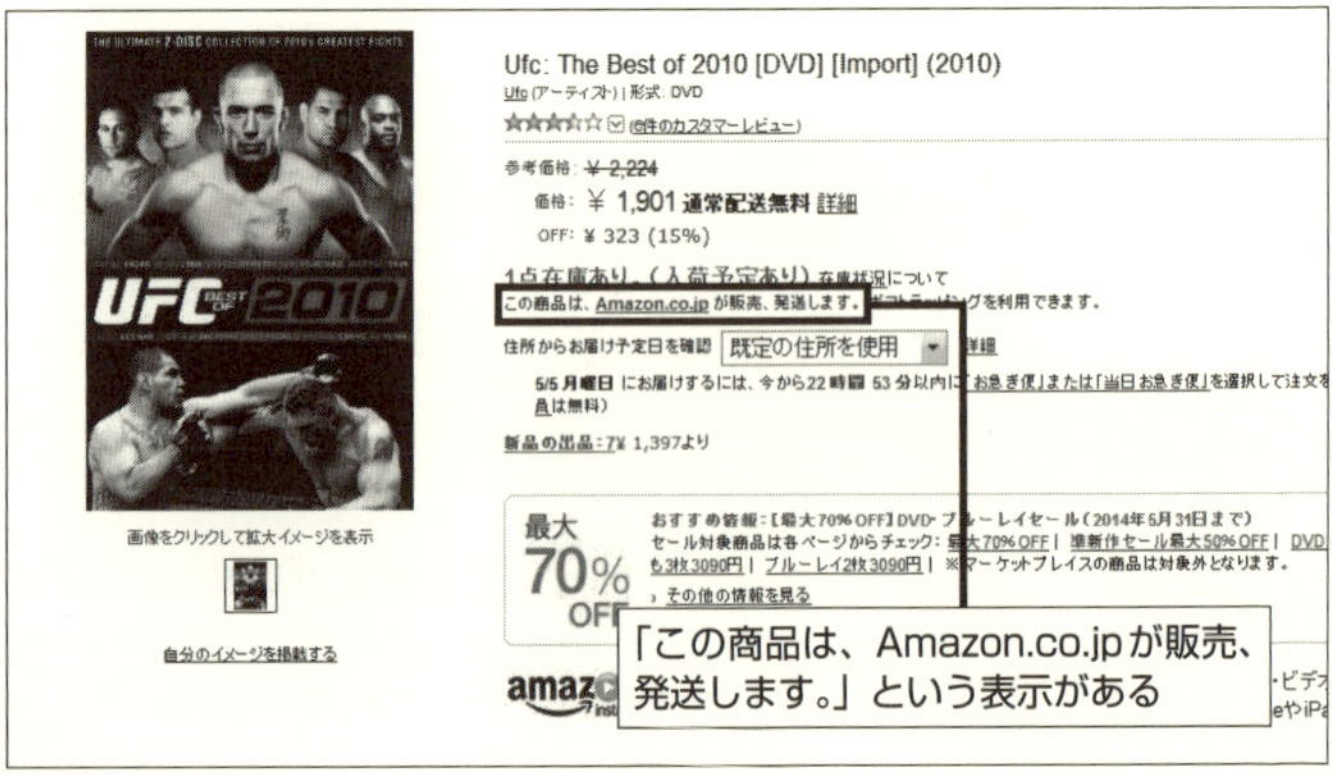

■ 9 FBA料金シミュレーターの使い方

☑	「商品代金」を入力する	「ＦＢＡ発送の場合」の「商品代金」のところに、自分が販売を予定している価格を打ち込む
☑	「計算」をクリック	「計算」というオレンジ色のボタンを押す
☑	Amazonからの入金額を確認	下のほうに緑色で価格が表示される。これが予定している価格で売ったときのAmazonからの入金額。ここから仕入れ価格や転送料金などを引いたものがそのまま利益となる
☑	大型商品の確認	「出荷作業手数料」が540円になっているものは大型商品の扱いになる（※）

■ FBA料金シミュレーター

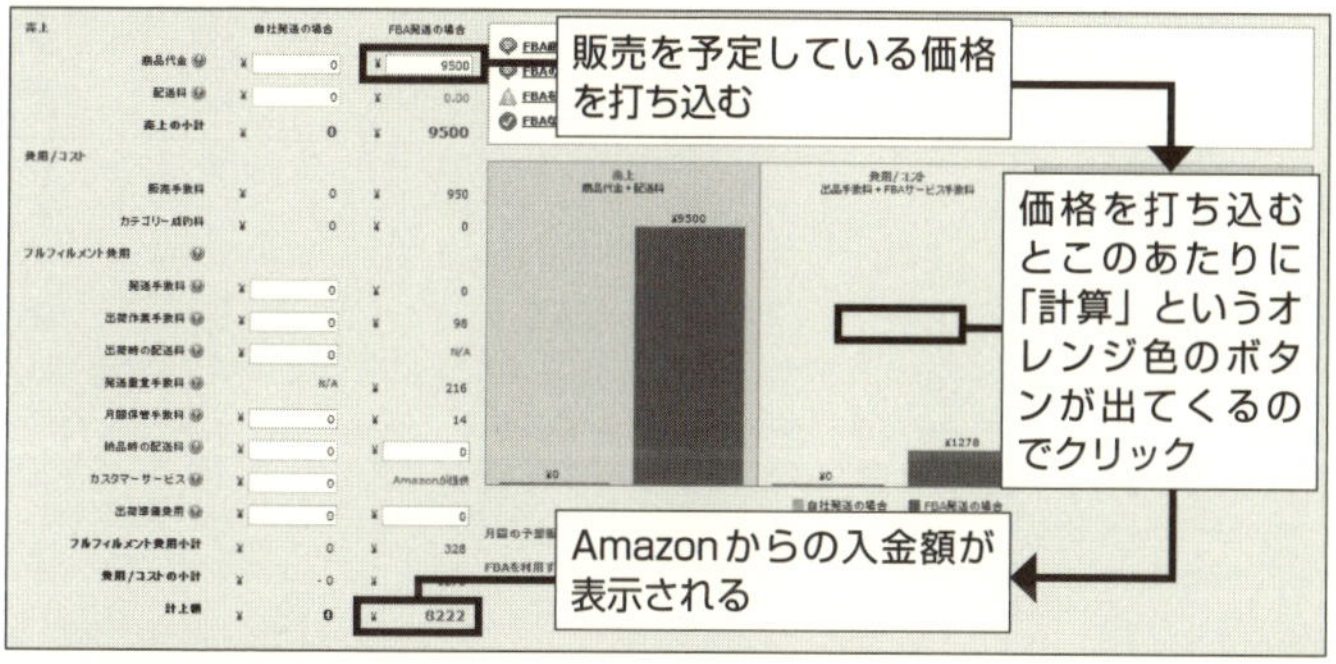
販売を予定している価格を打ち込む
価格を打ち込むとこのあたりに「計算」というオレンジ色のボタンが出てくるのでクリック
Amazonからの入金額が表示される

■ 大型商品の確認

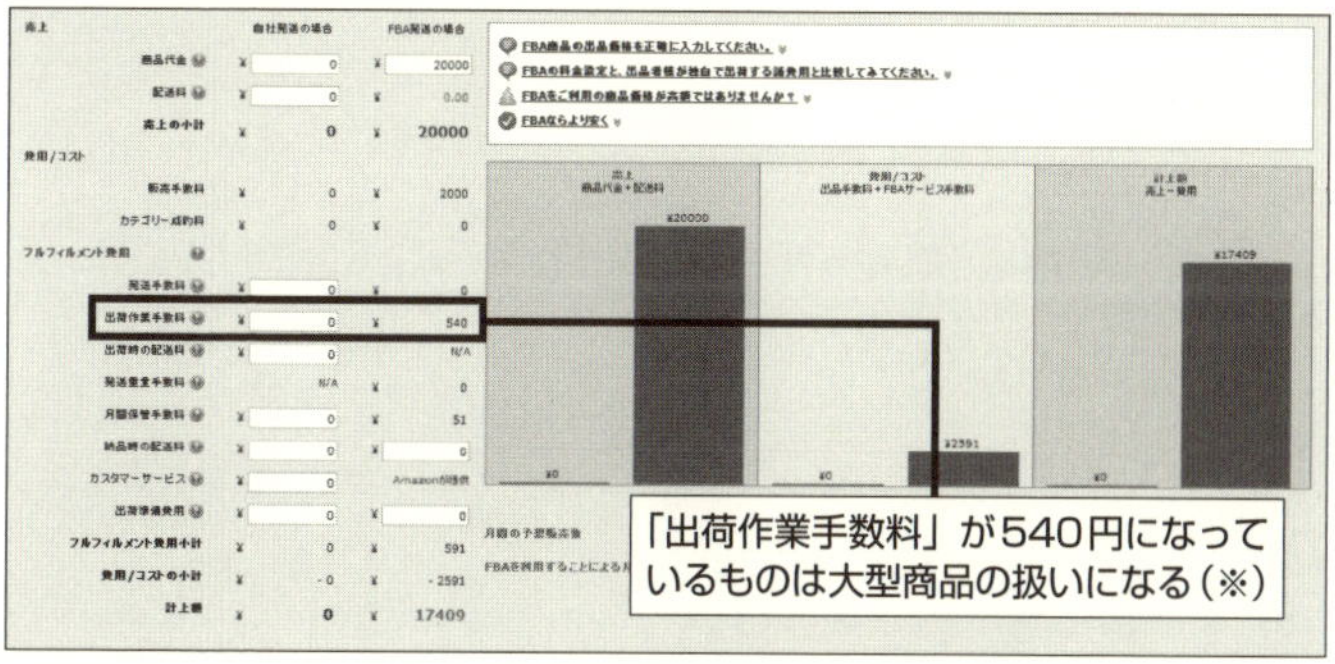
「出荷作業手数料」が540円になっているものは大型商品の扱いになる（※）

※2014年10月に手数料変更（P129参照）

☑ Amazonからの入金予定額が事前にわかる

「SmaSurf」からFBA料金シミュレーターを開き、「FBA発送の場合」の「商品代金」のところに自分が販売を予定している価格を打ち込んでみましょう。リサーチをしているときのFBA出品者の最安値でいいと思います。そして、ちょうど右下くらいにある「計算」というオレンジ色のボタンを押してみてください。すると、下のほうに緑色で価格が表示されます。これが、予定している価格で売ったときの**Amazon**からの入金額です。この入金額から、仕入れ価格や転送料金などを引いたものがそのまま利益となるわけです。

⚠ 大型商品かどうかを確認する

商品は、カテゴリーによる区分とは別に「その商品が大きなものかどうか」でも分けられています。一定のサイズよりも大きいもの、重いものを「大型商品」と呼んでいます。**大型商品は海外から転送するときにかさばったり、納品先の日本のFBA倉庫が違う場所だったりと、実践を開始した当初は避けたほうがよいかもしれません。**それを判別する際に役に立つのが、先ほども出てきた「FBA料金シミュレーター」です。ここに販売予定価格を打ち込んだときに、**「出荷**

作業手数料」が540円になっているものが大型商品です（※）。大型商品かどうかを判別したいときにもFBA料金シミュレーターは重宝するので、ぜひ使いこなしてください。

⚠ ASINコードが一致しない商品はチャンス！

☑ まずは「売れているかどうか」判断してから

同じ商品でも、日本とアメリカで「**ASIN**コード」が一致しない場合があります。**SmaSurf**でアメリカのページを表示させようとすると「**Looking for something?**」とエラーが出る場合です。

そんなときには、まずは**Amazon**のロゴなどをクリックして一度トップページに飛んでみます。そして商品名をコピーし、トップページの検索窓にペーストし、日本語の部分を消して検索をかけていく……のですが、その前に一度立ち止まりましょう。

※大型商品のFBA出荷作業手数料が変更（2014年10月〜）

区分	改訂前	改訂後
区分❶（100cm未満）	540円	515円
区分❷（100cm以上、140cm未満）	540円	555円
区分❸（140cm以上）	540円	590円

この作業は、かなりの労力を要します。同じ商品を探すにしても、その労力に見あうものでなければ効率が悪いので、まずはプライスチェックやランキングなどを見て、「そもそも売れている商品なのか」を確認してからその作業をはじめましょう。

売れていると判断してから、はじめて同じ商品をアメリカの**Amazon**の中で探していきます。探してみて似たような商品がいくつか出てきた場合は、型番やサイズ、色などをしっかりと確認し、「本当に同じものであるのか」を見極めましょう。

また、商品名に日本語しか使われていない場合は、商品ページの画像やページの下のほうに、ブランド名や型番の英語表記が載っていたりするので、それをもとに検索をかけてみるというのもいいでしょう。

⑩ ASINコードが一致しない場合

☑	**エラーが表示される**	ASINコードが一致しない場合、アメリカAmazonのページに「Looking for something?」とエラーが出る
☑	**売れている商品か確認**	プライスチェックやランキングなどを見て、「そもそも売れている商品なのか」を確認
☑	**トップページに飛ぶ**	売れている場合はAmazonのロゴなどをクリックして一度トップページに飛ぶ
☑	**あらためて検索**	日本のAmazonに表示されている商品名をコピーし、アメリカAmazonのトップページの検索窓にペースト、日本語の部分を消して検索をかけていく
☑	**商品名が日本語のみの場合**	商品名に日本語しか使われていない場合、商品ページの画像やページの下にブランド名や型番の英語表記が載っているのでそれをもとに検索をかけてみる
☑	**同じ商品かどうか見極める**	探してみて似たような商品がいくつか出てきた場合は、型番やサイズ、色などをしっかりと確認し、「本当に同じものであるのか」を見極める

⚠「The Camelizer」の活用

売れている商品を見つけても、そのときは価格差がなく利益が取れそうもない商品も、もちろんあります。そのような場合、**Google Chrome**の拡張機能である「**The Camelizer**」を使いましょう（「**camelcamelcamel**」と「**The Camelizer**」の登録方法と使い方は、66ページの **STEP 05** をご覧ください）。

☑ 自分が使いやすい状態に設定しておく

価格差がなかったときに、**The Camelizer**を開きます。緑、青、赤とグラフが表示されていますが、ここではわかりやすいように、青と赤のチェックを外してみます（青は自己出品者の新品価格、赤は自己出品者の中古価格です）。

これで「**Amazon.com**」の価格の推移だけを表示することができました。さらに、**The Camelizer**の左下にある「**Date Range**」を「**1y**」にすることで、ここ1年間の表示に変更できます。このように、自分が使いやすい状態にしてから、「ここ数カ月で一番価格が下がった価格」などを登録しておきましょう。

☑ リサーチの時間を無駄にしないために

売れている商品を登録しておくことで、いずれ安い価格で仕入れをすることができるわけです。自分がリサーチしている時間を無駄にしないためにも、このような作業をコツコツとこなして後々に活かしていってみてください。

⑪「The Camelizer」の活用

☑	**価格の推移を表示**	The Camelizerを開き、緑、青、赤とグラフが表示される。赤と青のチェックを外す。これで「Amazon.com」の新品価格の推移だけを表示することができる
☑	**1年間の表示に変更**	「Date Range」を「1y」にすることで、ここ1年間の表示に変更する
☑	**価格を登録する**	自分が使いやすい状態にしてから「ここ数カ月で一番価格が下がった価格」などを登録する
☑	**アラートメールが届く**	売れている商品を登録しておくことで、商品が設定価格になるとアラートメールが届き、安い価格で仕入れをすることができる

「camelcamelcamel」のグラフ

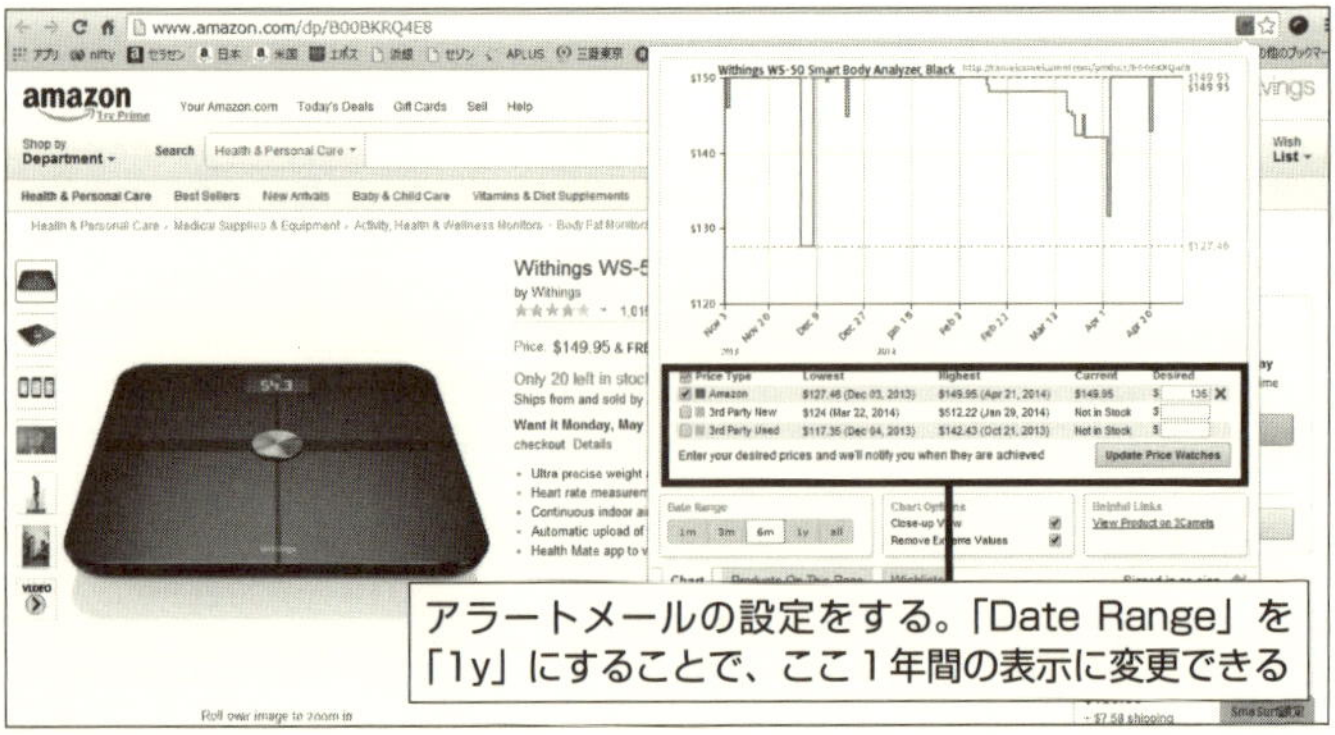

STEP 10

ステータス① ステージ③ セラーリサーチに頼らない商品リサーチ

ステップ① 有効なキーワード一覧

Amazonに出品されている輸入品には、「日本未発売」といったような言葉が、商品名のうしろなどについていたりすることがほとんどです。セラーリサーチをひたすら続けるだけでも、多くの商品を見つけることができます。

誰も見つけていない商品を見つけるためには……

輸入セラーを見つける⬇商品が見つかる⬇新しい輸入セラーを見つける⬇また新しい商品が見つかる……と、いくらでも商品を見つけることは可能です。しかし、それは「すでに誰かが見つけた商品」でもあります。多くのセラーがまだ販売していない商品を見つけるためには、先ほどの「日本未発売」などのキーワードを使って商品を探していくという方法が一番効果があります。**それが「キーワードリサーチ」と呼ばれるものです。**

たとえば、**Amazon**の検索窓に「並行輸入」と打ち込んでみてください。約180万件の商品がヒットしました（2014年6月現在）。これだけあれば「まだ見ぬお宝商品」が見つけられると思いませんか？

代表的なキーワードとして「並行輸入」「海外限定」「日本未発売」などがあります。セラーリサーチに疲れたときや、「たまには違った角度でリサーチをしてみよう！」というときにはこのようなキーワードで検索をかけて、

■キーワード一覧

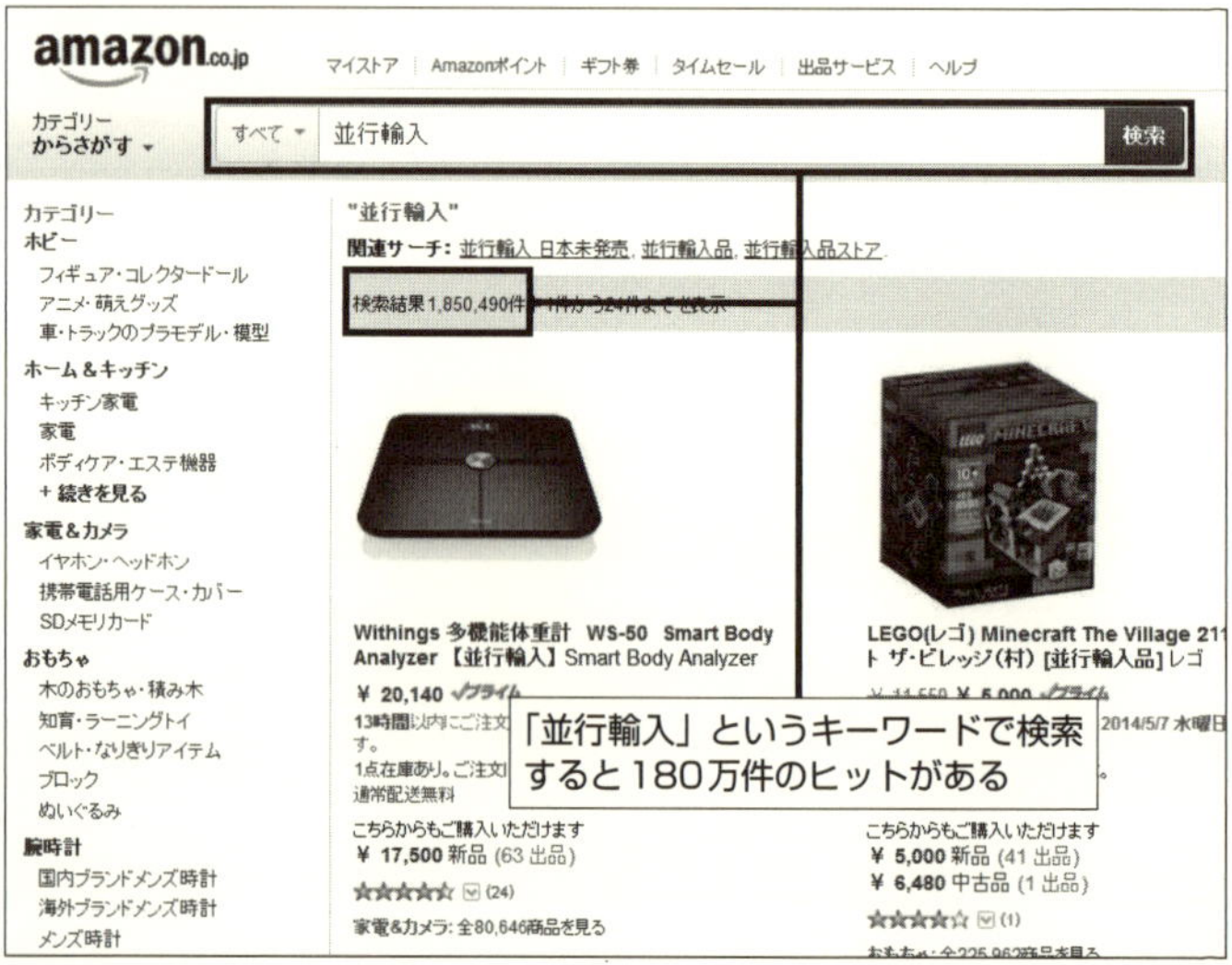

宝探しのような感覚で商品を探してみてください。

■キーワードリサーチに有効なキーワード一覧

◉並行輸入品　◉日本未発売　◉輸入品　◉海外限定　◉US限定　◉import

ステップ❷ まずは自分の好きなカテゴリーからリサーチしてみよう！

「膨大な商品の中でリサーチをしていくのは大変」という人もいると思います。そんなときはまずは「自分が好きなジャンル」から攻めてみましょう。

☑リサーチを楽しむ

Amazonではジャンルとは呼ばずに「カテゴリー」で区分けされています。車好きの人は「カー・バイク用品」、海外ドラマをよく観る人は「DVD」など、まずは自分の興味のあるものに絞ってリサーチしてみるといいと思います。

好きこそものの上手なれといいます。リサーチそのものをぜひ楽しんでみてください。あなたの知識が、思いもよらぬいい商品を見つけることになるかもしれません。

ステップ③「並べ替え」を駆使して対象を絞っていく

ここまで、キーワードで絞り、カテゴリーで絞るということを説明してきました。そのほかにはどんなもので絞ることができるでしょうか？

☑並べ替えと価格設定を有効活用する

カテゴリーで絞ったあとに、ページ右上の「並べ替え」のところを見てください。「人気度」「価格の安い順」「価格の高い順」「レビューの評価順」「最新商品」とあります。

たとえばこのときに「人気度」を選ぶと、そのカテゴリーの中での売れ行き順に表示されます。

ここでさらに「価格帯」を絞ることもできます。ページ左側の「価格」というところですね。手打ちで数字を入力することで、任意の価格帯を表示することもできるので、このような並べ替えも駆使して、効率よくリサーチを進めていきましょう。

⓬ キーワードリサーチ

☑	有効なキーワード	キーワードリサーチ。135頁の「有効なキーワード一覧」の言葉を使って検索してみる
☑	好きな分野	まずは「自分が好きなジャンル」から攻めていく
☑	並べ替え	ページ右上の「並べ替え」でいろいろと並べ替えを試してみる
☑	価格帯を絞る	ページ左側の「価格」に数字を入力することで、任意の価格帯を表示することもできる。このような並べ替えも駆使して、効率よくリサーチを進めていく

並べ替え

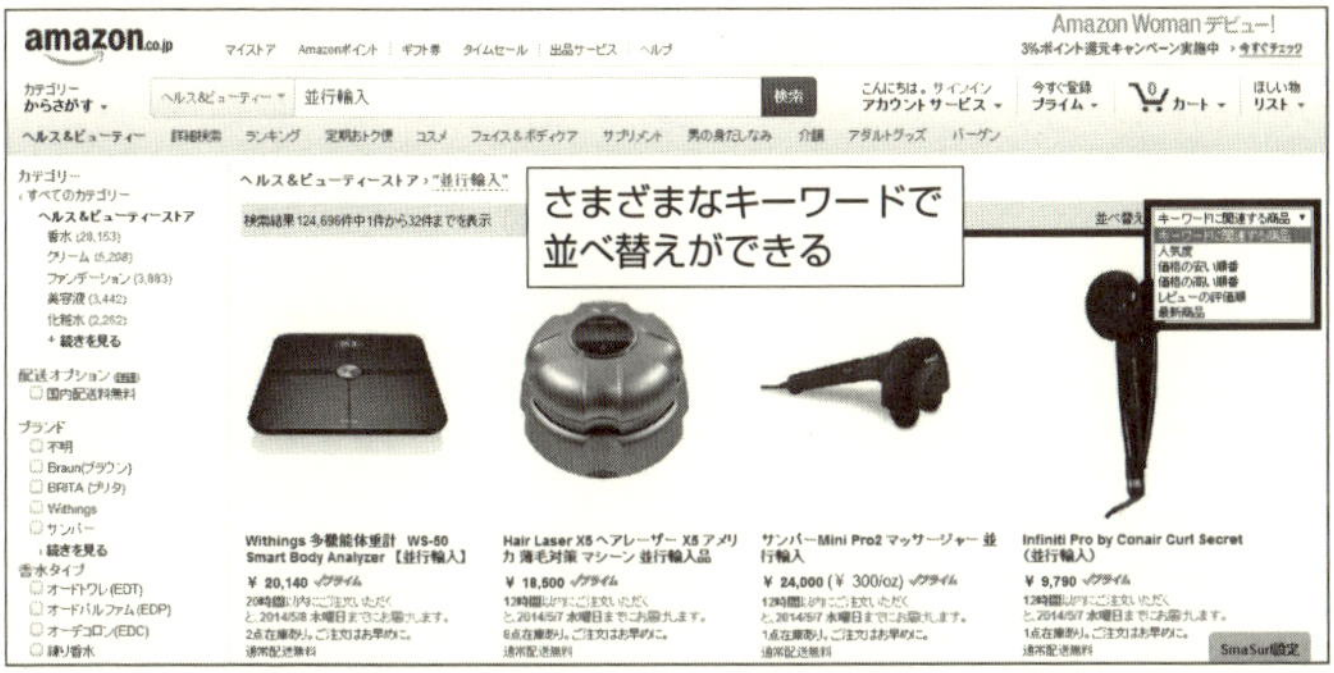
さまざまなキーワードで
並べ替えができる

価格帯で絞り込む

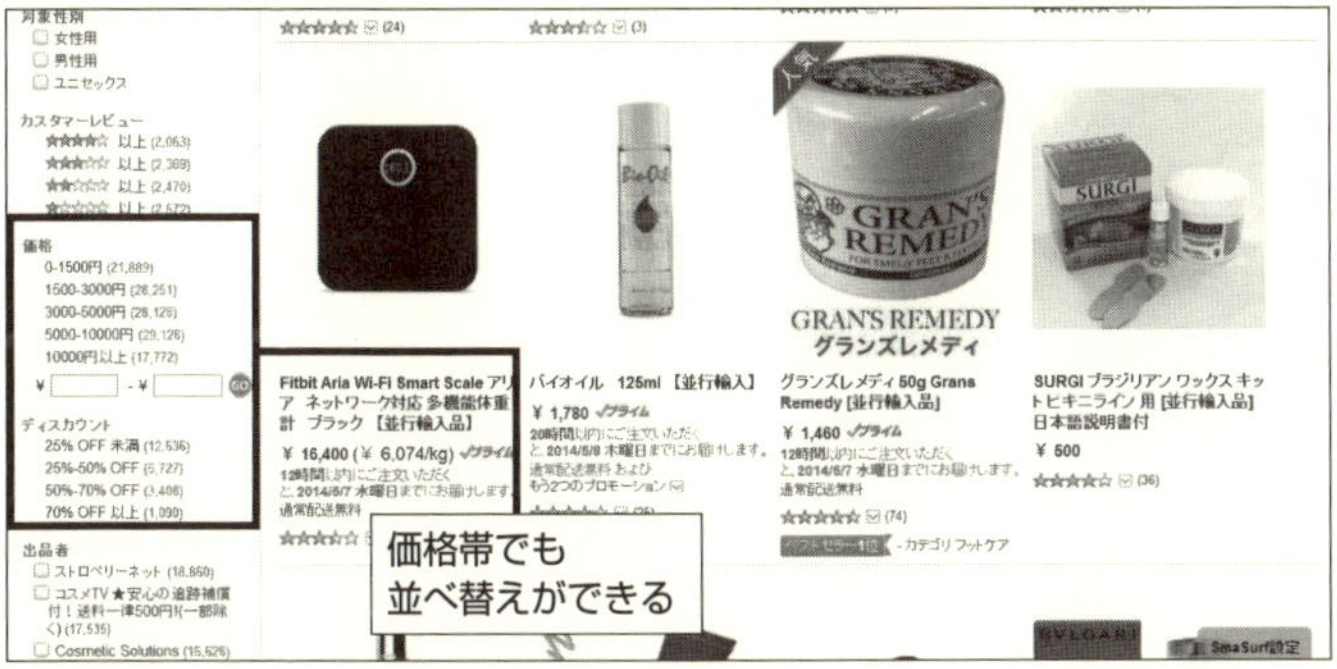
価格帯でも
並べ替えができる

STEP 11 ステータス② ステージ① 実際に仕入れてみよう！

⚠Amazon.comの仕様は日本と同じ

では、いよいよアメリカのAmazon（Amazon.com）から実際に商品を仕入れる方法を説明していきます。

「英語がわからないからおかしなボタンを押してしまいそうだ」
「海外から物を買うのはやっぱり怖いから、ここまで読んでみたけどやっぱりやめよう」

そう思うのも無理はないでしょう。でも安心してください。アメリカのAmazonは、実は日本のAmazonとページの構成・仕様が同じなので身がまえる必要はまったくないのです。

この **ステータス❷** では、**図❹** の流れに沿って説明をしていきます。みなさんお待ちかね、いよいよ実際に「商品を仕入れる」という段階になります。

☑ Amazonは共通点が多い

基本的には「オレンジ色のボタンを押して決済ページまで進んでいく」と思ってください。

次頁の画像で日本とアメリカのページを見比べてみましょう。日本では「ショッピングカートに入れる」、アメリカでは

図❹

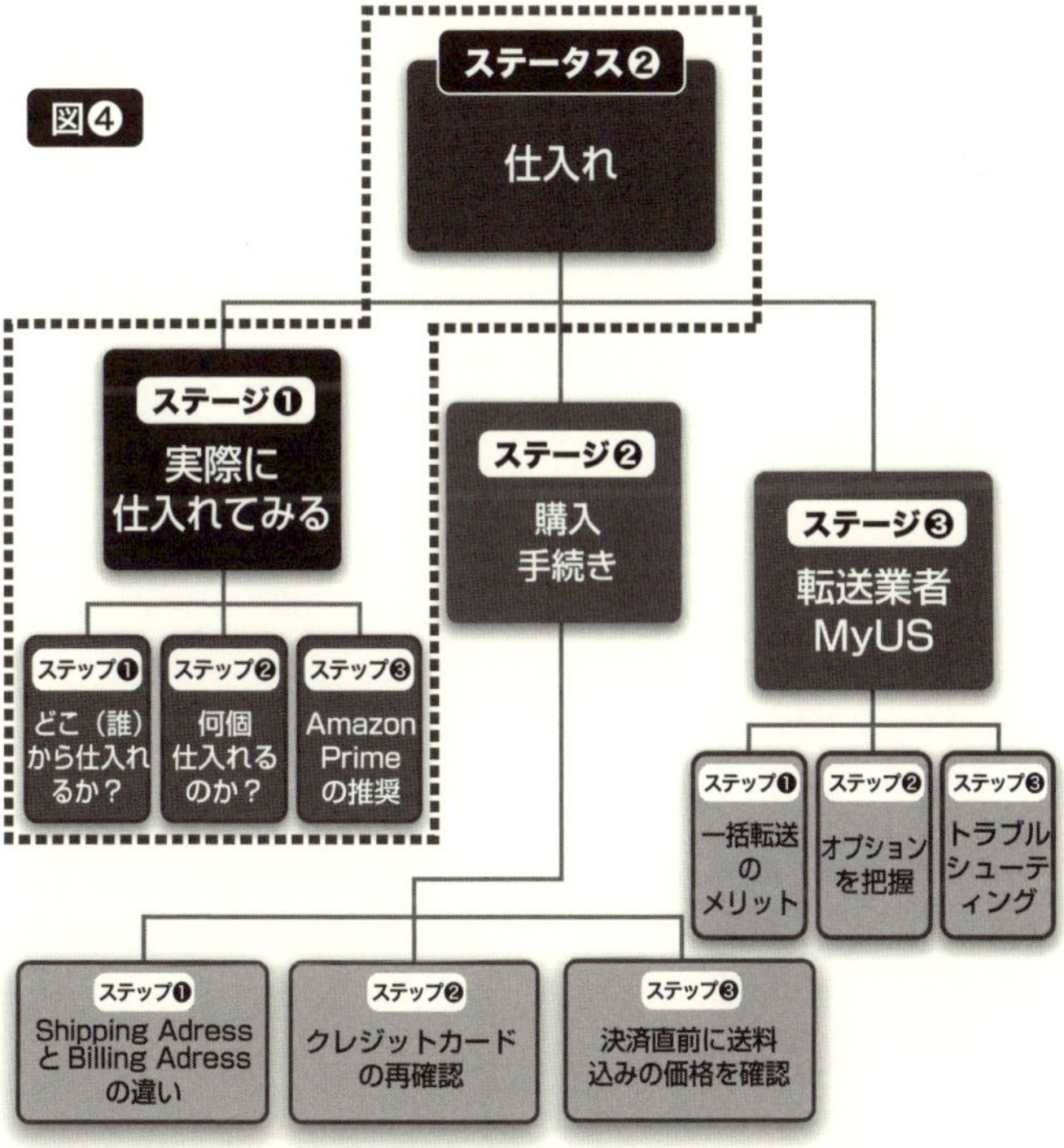

「**Add to Cart**」になっていますね。ボタンの配置なども同じなので、もしわからないボタンがあったときも、日本の**Amazon**を見てみることで解決することができるでしょう。

ステップ① どこ（誰）から仕入れるか？

☑「Amazon.com」もしくは「FBAセラー」から

さて、商品を仕入れる（注文する）ときに、まずは誰から仕入れるかという選択肢がありま

■ 日本Amazonとアメリカ Amazonの画面

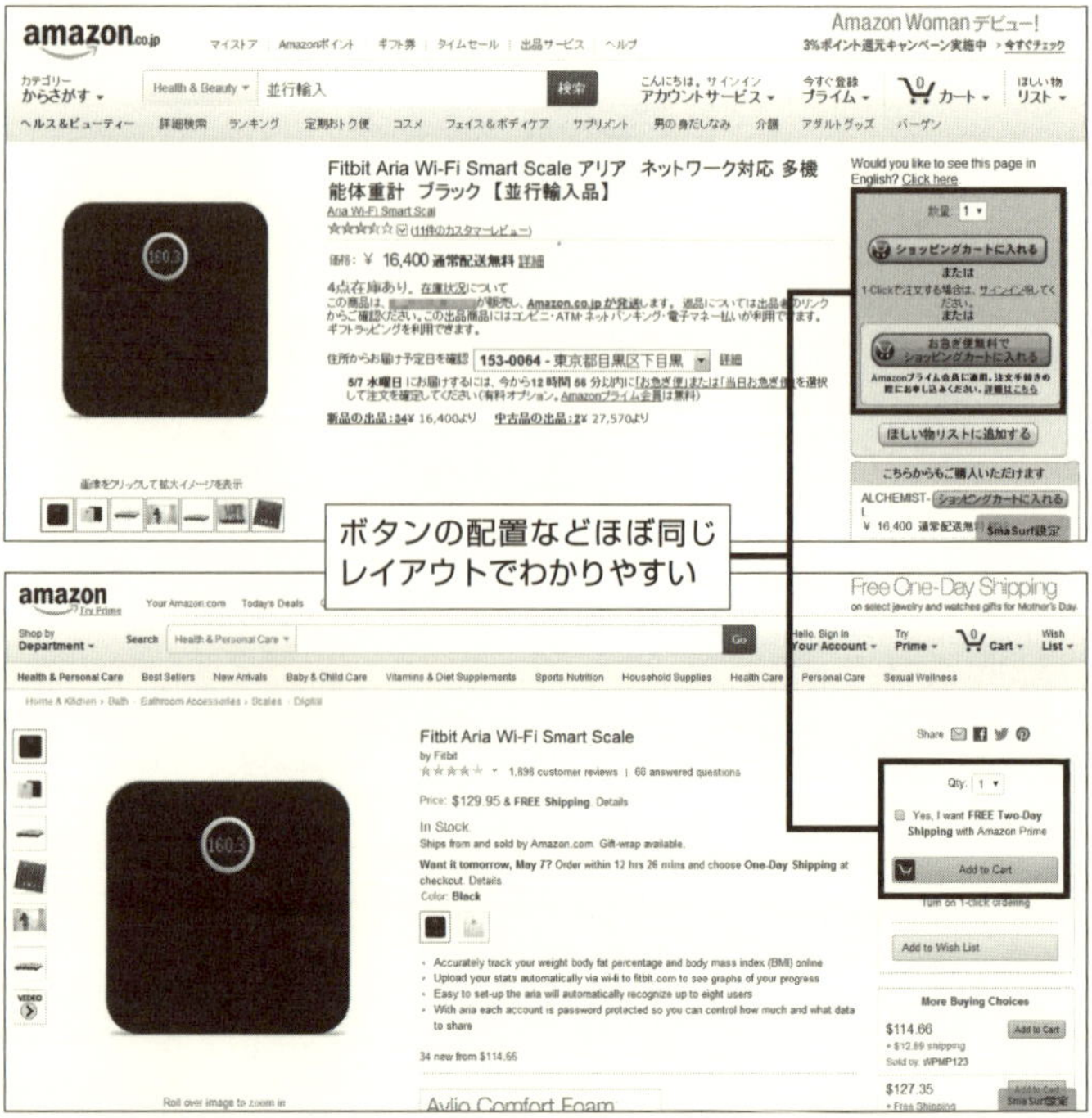
ボタンの配置などほぼ同じ
レイアウトでわかりやすい

す。ここでは**基本的に「Amazon.com」もしくは「FBAセラー」から仕入れましょう。**

FBA出品者は、これもやはり日本のAmazonと同じで、セラー名の下に「**FULFILLMENT BY AMAZON**」、そして価格のところに「**Prime**」と表示されています。

なぜ、Amazon.comもしくはFBAセラーから仕入れるのでしょうか？ それは「商品の到着をほぼ同時にするため」です。私たちは基本的に、アメリカの転送業者にまず商品を送ることになります。それらの商品を、転送業者にほぼ同時に到着させることで、日本へのスピーディーな転送が可能となります。

☑「FBAセラー」以外から仕入れるケースは「価格が明らかに安い場合」のみにする

もしも、FBAではない自己発送のセラーから仕入れるの

■ アメリカAmazonのFBAセラー

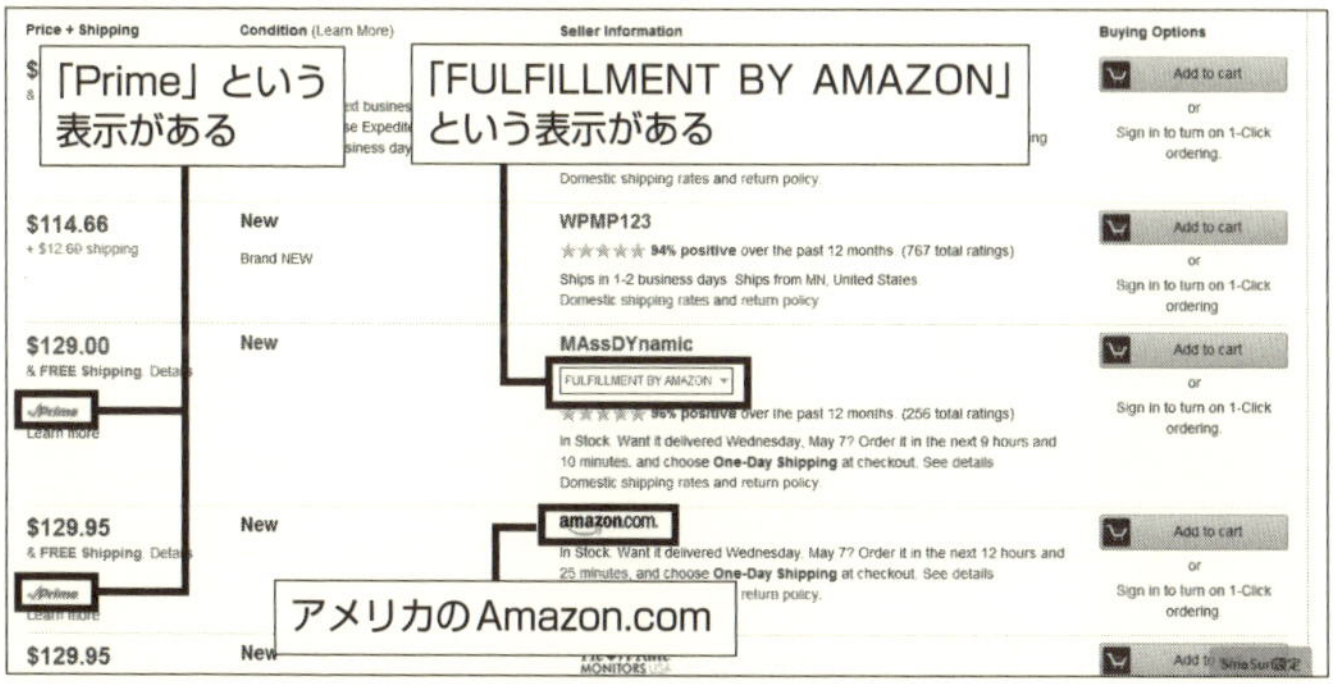
「Prime」という表示がある
「FULFILLMENT BY AMAZON」という表示がある
アメリカのAmazon.com

であれば、それは「価格が明らかに安い場合」にしましょう。自己発送のセラーはＦＢＡセラーのように**Amazon**の倉庫から即時発送されるわけではないので、発送スピードはまちまちです。

また、日本に無在庫セラーがいるように、アメリカの**Amazon**にも無在庫セラーは存在します。それをある程度見抜くために、３つのポイントを頭に入れておいてください。「セラーの評価」「商品のコンディション説明（コメント）」「発送元」です。

■アメリカAmazonで見るポイント

> ◉ セラーの評価　◉ 商品のコンディション説明（コメント）　◉ 発送元

☑セラーを見る際のポイント

まず、セラーの評価の下を見てみましょう。左頁の画像では、「**Ships from ○○, United States**」という表記があります。もしもここに【**United States**】と書いていなかった場合。その場合はアメリカからの発送ではないので、無在庫の可能性があります。たとえ無在庫でなくとも届くまでに時間がかかることが多いケースに該当します。

仕入れ先が無在庫だった場合、単純計算でアメリカの転送業者まで届くのに２週間。そこから

ＦＢＡ納品に至るまで、最悪1カ月くらいかかったりすることがあります。スピード勝負の高回転商品だった場合、これは致命的ですよね。

というわけで、自己発送のセラーから仕入れる場合は、仕入先が無在庫かどうかを考慮するようにしたほうがいいです。もし仕入れるのであれば、ほかの商品と同時に転送をかけられないことも視野に入れて、次回の転送に回してもいいくらいの気持ちで仕入れてみてください。

☑ 優先すべきセラーとは？

「**Amazon.com**」「ＦＢＡセラー」「自己発送セラー」と、私たちが仕入れの選択肢にするセラーには3つの形態があることを説明してきました。そして、ほとんどの場合は「自己発送セラー以外」から仕入れるということを確認しました。

それでは、もし「**Amazon.com**」とＦＢＡセラーが競合

■ 無在庫販売の場合

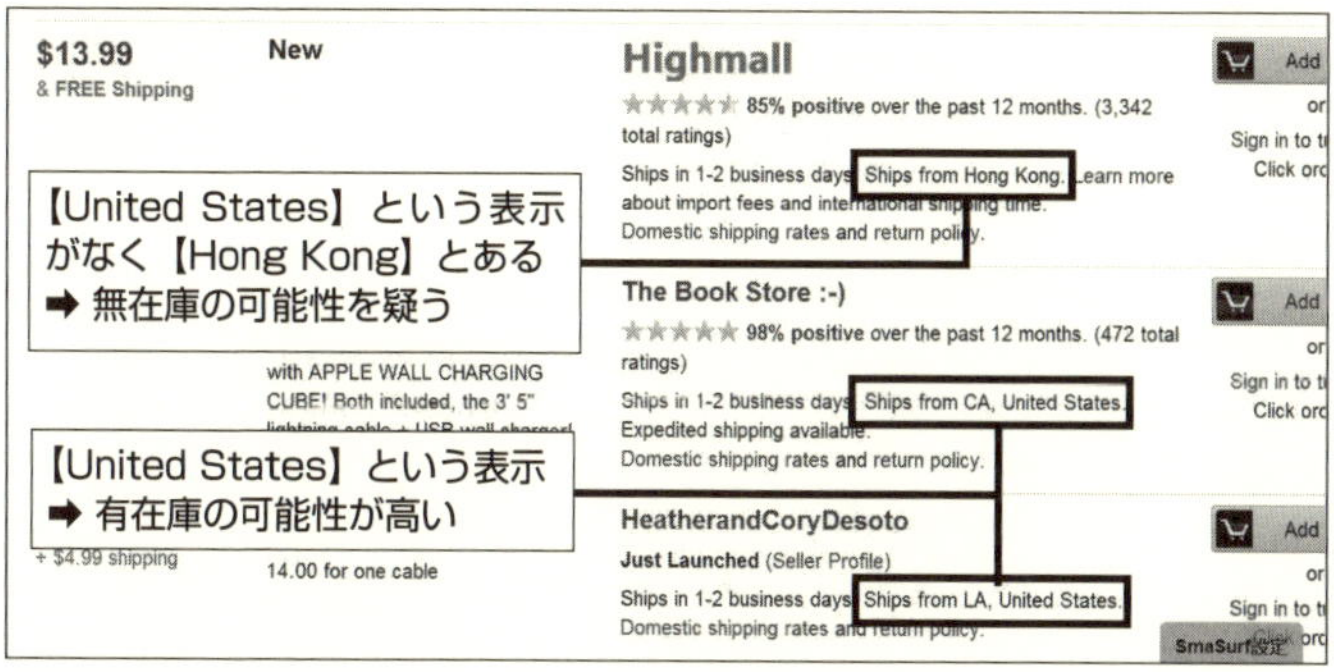

している場合はどうすればいいのでしょうか。Amazon.comの価格がほかのセラーたちとほとんど変わらない場合は、品質も安心の「Amazon.com」から仕入れましょう。

では、「Amazon.com」が出品していない場合はどうするべきでしょうか？　このとき、やみくもに「これは安い！」という理由だけで仕入れてはいけません。出品者一覧は価格の安い順に並んでいて、上から見ていくのに間違いはないのですが、しっかりと「そのセラーはよいセラーであるか」を確認するようにしましょう。そのときの目安となるのが「評価数」と「高い評価の割合」です。これも表示スタイルは日本のAmazonと同じですね。

ステップ② 何個仕入れるか？

最初は1個で様子を見るべし

商品はズバリ、何個仕入れるべきなのでしょうか？　私の回答は「最初は1個」です。

なぜかというと、たとえばASINコードが違う商品を仕入れた場合などに「違う商品である可能性」があるからです。

また、商品自体に何か問題があったとき、1個しか仕入れていないのであればダメージを最小限に抑えられます。**どんなに売れている商品でも、最初の仕入れは1個に留めたほうがよいでしょう。**

1個仕入れて販売し、クレームや、何も問題がなかったときにはじめて「さて、次は何個仕入れようか」と考えてみてください。1個➡3個➡5個➡10個など、少しずつ仕入れ量を増やしていってもいいですし、2度目の仕入れで一気に個数を増やしてみるのもいいでしょう。

ただし大量に仕入れるのはよほどの確信を持ってからにしたほうがいいです。私自身、特に根拠もなく「なんとなく売れてそうだから」という理由で大量の仕入れを行い何度も失敗してきました。あくまでも経験を積み、データに基づいて仕入れるというスタンスを忘れないでください。

「在庫があればもっと売れるのに……!」

このように歯がゆい気持ちになることは多々ありますが、実践をはじめて間もない時期は、むしろその状態でもいいと思います。

というのも、「売れ残る」ほうが、リスクが高いからです。ある程度、実践を続けていくと、ほかの在庫が売上(利益)をカバーしてくれます。初心者の段階で、まだそこまで商品種類を扱っていないときは、大量の不良在庫を抱えてしまうのはかなりのリスクです。

そのため、在庫切れを機会損失と捉えるのではなく、「売れてよかった! さてまた仕入れようかどうしようか？」と前向きに捉えたほうがいいと思います。攻めの仕入れではなく、守りの仕入れといった感じですね。

「何個仕入れるか」というのは永遠の命題であり、答えなどあるはずもありません。5個仕入れようかと感じたら3個、3個仕入れようと感じたら2個など、**自分の想定よりも少ない仕入れに留めておくのはまったく悪いことではありません。**繰り返しにはなりますが、**リスクの軽減です。みずからのキャッシュフローにも大きく関わってくることなので、「ほどほどの仕入れ」を私はお勧めします。**

☑ 購入個数制限がある商品

アメリカの**Amazon**で「**Amazon.com**」から仕入れを行う場合、商品によっては購入の個数を制限されているものがあります。「**Qty**」は「数量」という意味の「**Quantity**」の略ですが、ここで個数を選ぶときに一定の数しか表示されないときは、その個数までしか購入ができません。

一度、限界の個数まで購入すると、そのあと1週間くらいはその商品の購入はできなくなります。逆にいえば、1週間経つとまたその商品を購入することができます。

このような商品は、「売れている商品」「需要がある商品」である場合がほとんどです。リサーチをしていて「これはメチャクチャ売れていそうだ！」と感じたとき、アメリカの**Amazon**で購入個数制限がある場合は、その予想は正しい可能性が高いでしょう。

ステップ③「Amazon Prime」の推奨

☑ スピーディーな転送にAmazon Primeは必須

私たちが商品の仕入れを行うときに「できるだけ早く送ってほしい！」と思うのは当然のことですよね。そんなときに役に立つのが「**Amazon Prime**」という有料のサービスです。

最初の30日間は無料、そのあとは年間79ドルで利用できるこ

■ ページ右上の「Qty」

のサービスに申し込むと、それぞれの商品の到着が通常よりも早くなります。通常4日ほどかかるところ2日、早ければ翌日に届いたりします。

ここまでに何度も書いていますが、**Amazon**輸入に「スピード」は必須です。年会費はかかってしまいますが、長期的に考えると間違いなく入っておいたほうがいいです。はじめての仕入れのときに「**Start Your 30-Day Free Trial**(30日間お試し無料)」などと表示されるので、ぜひ試してみてください。

⑬ 実際に仕入れてみる

☑	**どこから仕入れるか?**	「Amazon.com」「FBAセラー」から仕入れる。FBA出品者はセラー名に「FULFILLMENT BY AMAZON」、価格に「Prime」と表示されている
☑	**アメリカのAmazonで見るポイント**	◉ セラーの評価 ◉ 商品のコンディション説明(コメント) ◉ 発送元
☑	**優先すべきセラー**	◉ Amazon.comとFBAセラーが競合しているとき、価格が変わらない場合は品質も安心の「Amazon.com」から仕入れる ◉ Amazon.comが出品していない場合は安い理由だけで仕入れてはいけない。しっかりと「そのセラーはよいセラーであるか」を確認する。そのときの目安となるのが「評価数」と「高い評価の割合」
☑	**何個仕入れるか?**	ASINコードが違う商品を仕入れた場合などに「違う商品である可能性」があるから最初は1個で様子を見る。商品自体に何か問題があったとき、1個しか仕入れていないのであればダメージを最小限に抑えられる。どんなに売れている商品でも、最初の仕入れは1個に留めたほうがいい
☑	**購入個数制限がある商品**	「数量」という意味の「Qty」で個数を選ぶときに一定の数しか表示されないときはその個数までしか購入ができない。一度限界の個数まで購入すると1週間はその商品の購入はできなくなる。このよう商品は「売れている商品」の可能性が高い
☑	**Primeの推奨**	最初の30日間は無料、年間79ドルで利用できる。それぞれの商品の到着が通常よりも早くなるためAmazon輸入に大事な「スピード」重視ができる

STEP 12

購入手続き ステータス② ステージ②

ステップ① 日本に直送する場合

日本に直送可能かどうか調べる方法

Amazon輸入では基本的にはアメリカの転送業者へ商品を送り、ある程度商品がまとまってから一気に日本へ転送をかけるというのがセオリーです。しかし、何らかの事情で「商品を日本に直送したい！」というときも出てくると思います。その際の方法をご紹介します。

まずはその商品が、日本直送が可能かどうかを調べてみましょう。次頁の画像を見てください。

これは商品の出品者一覧を表示したページですが、出品者の名前の下に「**International & domestic shipping rates and return policy.**」と書いてある場合と、「**Domestic shipping**

rates and return policy.」と書いてある場合があることがわかります。「**International**」と書いてある場合は日本への直送が可能です。

⚠ ステップ② 「Shipping Adress」と「Billing Adress」

☑ 日本とアメリカでは住所表記の順番が異なる

決済のページまで進めていく段階で、「**Shipping Adress**」と「**Billing Adress**」という項目を入力することになります。これを説明します。

「**Shipping Adress**」は商品のお届け先の住所、「**Billing Adress**」は請求先の住所のことです。前者には基本的にはアメリカの転送業者の住所、後者には日本の自宅の住所を入力しましょう。

日本とアメリカでは住所の表記の順番が異なり、たとえば「東京都港区赤坂1-2-3」は「**1-2-3 Akasaka Minato-ku Tokyo-to**」にな

■ 商品の出品者一覧（日本に直送できる場合）

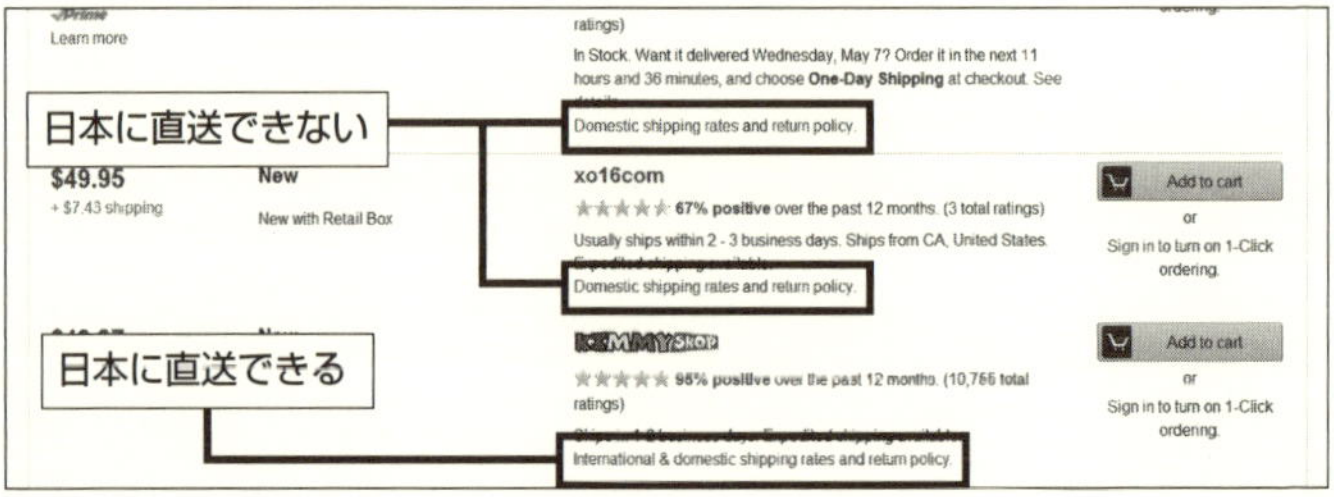

ります（54ページの STEP 04 で画像で説明しています。参考にしてみてください）。

ステップ③ 使用するクレジットカードと送料込みの価格の再確認

使用するクレジットカードを間違えないように

商品の仕入れはクレジットカードで行いますが、決済するカードを間違えてしまっては元も子もありません。複数枚のカードを登録している場合、必ず自分がそのときに使おうとしているカードが選択されているかを確認しましょう。

セキュリティコードの認証を求められたときは？

また、例えばネットショップなどから仕入れをする場合や転送業者などへの登録時に、クレジットカードの「セキュリティコード」の認証を求められることがあります。それがカードのどこに書いてあるのかを説明します。基本的にはクレジットカードの裏面、サインを記入する欄に記載されている3桁の数字です。アメリカンエキスプレスのみ、表面の左右のどちらかに記載された4桁の数字です。もしそこに記載されていない場合は、カード会社に問いあわせてみてください。

☑ 決済直前のページまで進むと商品代金と日本への送料がわかる

また、決済直前のページまでいくと、送料も含んだ価格の合計が表示されます。

セラーによって日本への送料が異なるので「結局、商品代金と込みでいくらかかるのか」を手っ取り早く知りたいときは、決済直前のページまで進めてしまうのがよいでしょう。

オレンジ色の「**Place your order**」、決済のボタンを押す前に最後にしっかりと送料込みの価格がいくらであるのかを確認しましょう。自己発送のセラーからも購入する場合は、送料の関係で想定していた価格と違うということも起こり得ます。購入前の入念な最終確認を怠らないようにしてください。

⑭ 購入手続き

☑	**日本に直送する場合**	出品名の下に「International & domestic shipping rates and return policy.」と「Domestic shipping rates and return policy.」と書いてある場合がある。「International」は日本への直送が可能
☑	**住所表記の順番**	「東京都港区赤坂1-2-3」は「1-2-3 Akasaka Minato-ku Tokyo-to」になる
☑	**送料も含めた価格の合計**	決済直前のページまでいくと送料も含んだ価格の合計が表示される。セラーによって日本への送料が異なるので商品代金と込みでいくらかかるのかを早く知りたいときは、決済直前のページまで進める

STEP 13

ステータス②　ステージ③　転送業者「MyUS」の利用方法

⚠ ステップ①　一括転送のメリット

アメリカから輸入を実践している人たちの、おそらく半数以上が使っているのが「MyUS」という転送業者です。ほかにも「輸入com」や「スピアネット」など、さまざまな転送業者がありますが、この本では今後も多くの人が使うであろう、この巨大な業者について説明をしていきます。

まず次の質問について考えてみてください。

> **Q：なぜ「転送業者」という存在が成り立つのか？**
> **Q：日本に商品を送るときに転送業者を間に挟むことで、どんなメリットがあるのか？**

どうでしょうか、イメージがつきましたか？　答えをいってしまえば、それは前述した日本直送ができない商品を送ることができることとは別に、もう1つ大きな理由があります。

A：商品をまとめて送ることによって「送料のダウン」が見込める

商品をまとめて送ることによって全体の送料を割安にするという考え方を「ボリュームメリット」や「ボリュームディスカウント」と呼んだりします。**Amazon**輸入では、商品を一つひとつ日本に送るのではなく、「定期的にまとまった数を送る」ということを意識して取り組むと、送料を最小限に抑えることができ、自然と利益も上がっていくことになります。

☑届いた商品を確認しよう

アメリカの**Amazon**や**eBay**、そしてネットショップなどから商品を仕入れ、その送り先を**MyUS**にしておくと、基本的には数日後に商品が到着することになります。

では、**MyUS**に到着した商品はどのように確認するのでしょうか？

「事前にどんな商品が届くかを伝える」

これはまったく必要ありません。商品が届くと、まず自分が登録しているメールアドレス宛にメールが届きます。同時に、**MyUS**の自分のページに何が届いたかが表示されるので、まずはそれを確認してみましょう。**MyUS**の「**MY ACCOUNT**」の中の「**INBOX**」を開きます。

このページを見ると、商品が届いた日時も表示されていて、下にいくほど到着が早かった商品になります。それぞれの段の「**Show Details**」をクリックして、何が届いているのかを確認していくのですが、このときに「アメリカの**Amazon**の注文履歴（**Your Orders**）」のページを一緒に開いておくとわかりやすいです。プリンターを持っている人は、それをプリントアウトして届いた商品にチェックしていくのもいいでしょう。

商品名が表示されている場合はいいですが、そうでない場合は商品のカテゴリー、追跡番号（**Tracking #**）などを照らしあわせて、何が届いたのかをチェックしていきます。

☑ エラーが出たときの対処法

商品によっては「購入価格を入力してください」というようなメッセージが表示されている場

■ MyUSの「MY ACCOUNT」の中の「INBOX」

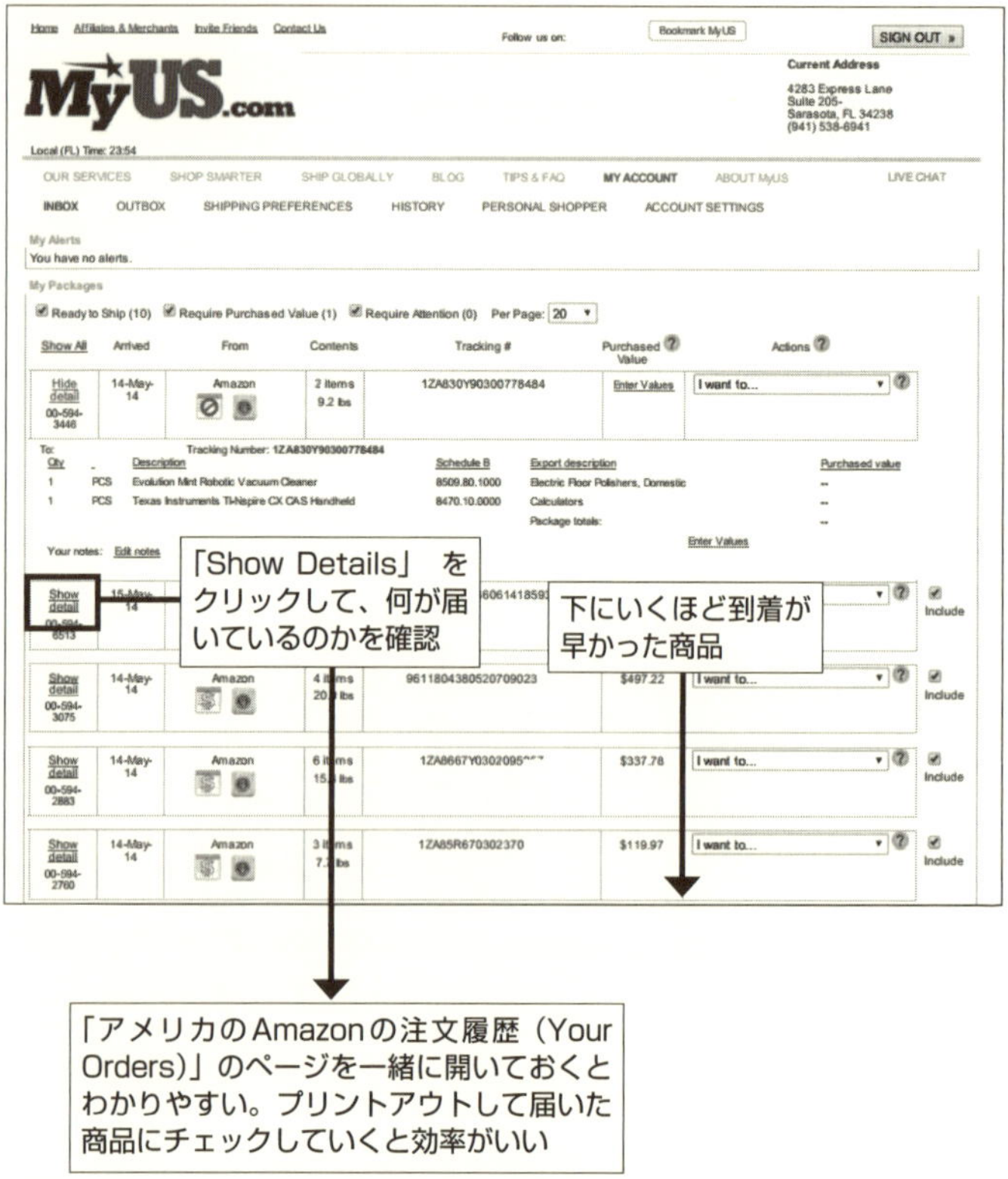
「Show Details」をクリックして、何が届いているのかを確認
下にいくほど到着が早かった商品
「アメリカのAmazonの注文履歴（Your Orders）」のページを一緒に開いておくとわかりやすい。プリントアウトして届いた商品にチェックしていくと効率がいい

■ Amazon.comの注文履歴→追跡番号で何が届いたのかチェック

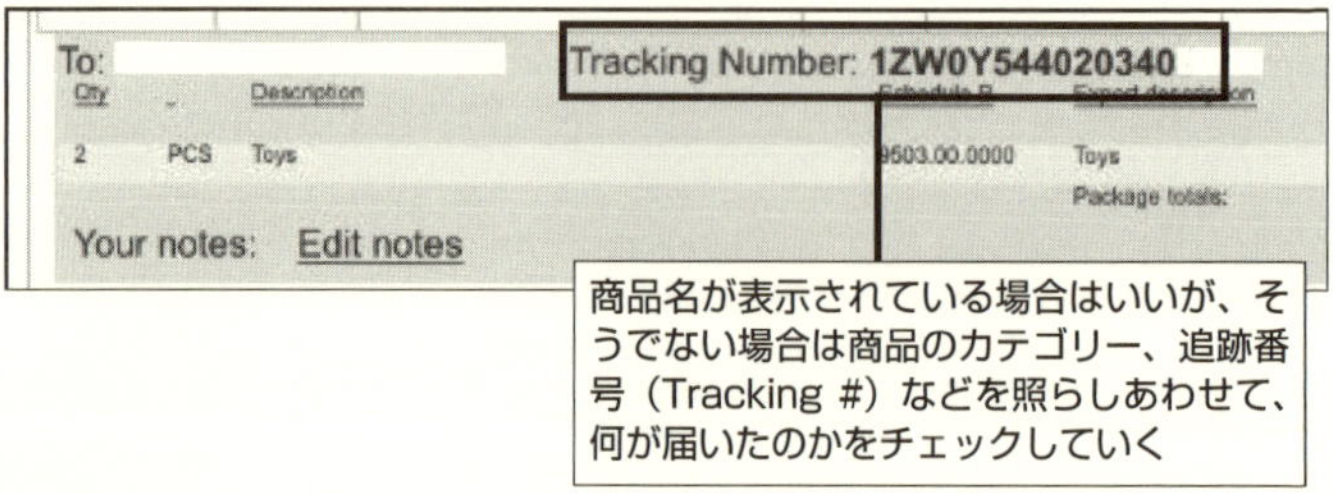
Tracking Number: 1ZW0Y544020340
商品名が表示されている場合はいいが、そうでない場合は商品のカテゴリー、追跡番号（Tracking #）などを照らしあわせて、何が届いたのかをチェックしていく

■「Enter Values」をクリック

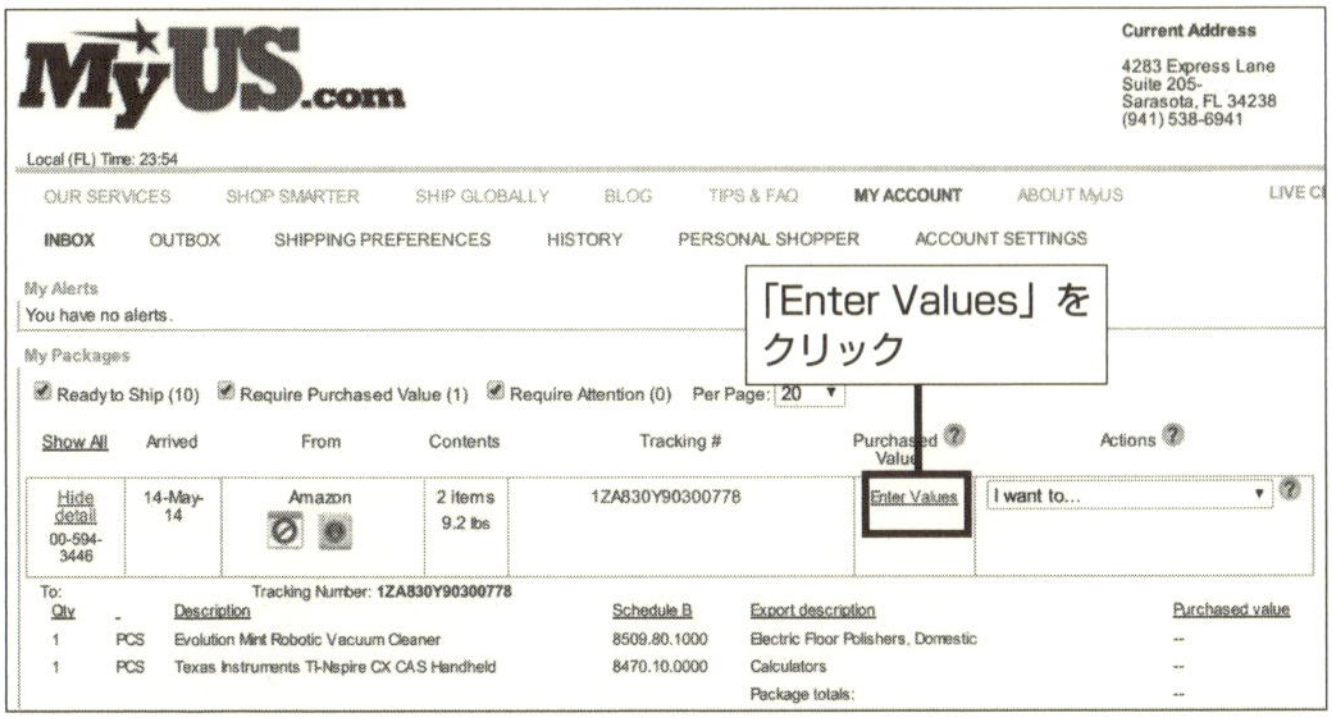

■「Price」のところに購入価格をドルで入力

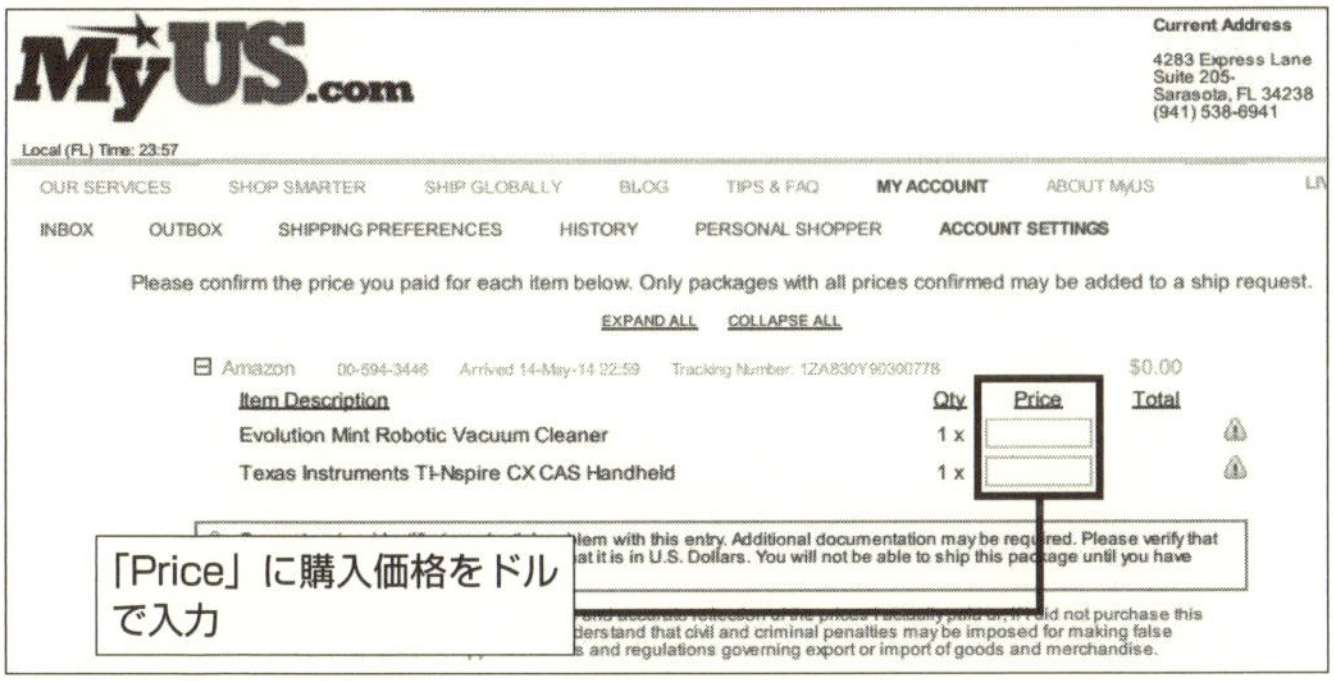

■MyUSページ上部の「Contact Us」から問いあわせる

合があります。**INBOX**の中の届いた商品の一覧の中で、左側がオレンジ色になっているものです。

このようなときは「**Enter Values**」をクリックし、「**Price**」のところに購入価格をドルで入力します。同じ商品を複数個購入している場合でも、その商品1個あたりの価格を入力します。「**Continue**」を押すとだいたいは何もエラーが出ず、左側に表示されるチェックボックスにチェックを入れて「**Confirm**」を押すことで変更は完了します。

稀に黄色の「！」マークが表示されることがあります。その際は**MyUS**ページ上部の「**Contact Us**」から問いあわせをしてみましょう。「！」マークが出たままの状態で「**Confirm**」を押してしまうと、再度エラーになる可能性があるので注意してください。

ステップ② 推奨するオプション

MyUSに転送指示を出すときに、いくつかオプションが表示されます。この中で私がお勧めするオプションを紹介します。

☑あったほうがいいオプション

「Fragile stickers」（2ドル）：これは日本でいう壊れ物ステッカー、「割れ物注意！」というシールですね。このシールをそれぞれのダンボールに貼ってもらうことで、少しでも扱いを丁寧にしてもらいます。

「Add extra packing」（5ドル）：緩衝材です。商品と商品の間にできた隙間にプチプチや新聞紙などを入れてもらうことで、商品の破損を最小限に食い止めます。

☑外してしまったほうがよいオプション

「Shipment Insurance」：簡単にいうと商品にかける保険です。金額が高い割には問題があった際の保険適用も難しいそうで、一般的には「長期的な視野で見るとつけないほうがよい」といわれています。

☑場合によってはつけたほうがよいオプション

「Urgent handling」：「速達」という意味です。**MyUS**は土日がお休みなのですが、たとえば金曜日に「どうしても今日中に転送をかけたい！」という場合などにこれをつけることで、ちょっとお金はかかってしまいますが、希望どおりの転送をかけることができます。ただし「あくまでも速達が優先される」というだけで、速達をつけていなくても当日に転送してくれることも多いので、年末などの繁忙期以外は特につけなくてもよいかもしれません。

ステップ③ トラブルシューティング

MyUSから商品を返品したい場合

商品を間違えて仕入れてしまったときや、そもそも日本に転送できない商品を仕入れてしまった場合、**MyUS**に返品依頼をかけることになります。

アメリカの**Amazon**、もしくはFBAセラーから商品を仕入れた場合は、**Amazon**の注文履歴から返品したい商品を選びます。

「**UPS drop off**」を選択して返送ラベルを発行し、そのラベルを添付して**MyUS**にメールを送ります。このときに、メールの件名には自分の**SuiteID**（会員番号）、本文には商品名とトラッキングナンバーを入れておきましょう。

また、自己発送のセラーから商品を仕入れた場合は、同じく注文履歴からコンタクトを取ることになりますが、「返送ラベル」は自動的には発行されず、セラーから発行してもらう手順になります。「商品を返品したいので返送ラベルを発行してください」とセラーに連絡をしてみましょう。

eBayやネットショップから商品を仕入れた場合でも、セラーやショップと連絡を取り、「セラーからこのようなメールがきたので返品をお願いします」と、**MyUS**にメールをしましょう。

「返品したい」ということだけ**MyUS**に伝えることができれば大丈夫です。

このようなときに、**Google**翻訳などを使うことで「日本語➡英語」への変換は意外と簡単にできてしまいます。

臆することなく英語で外国人セラーと連絡を取ることで、みなさんの輸入ビジネススキルも確実に上がっていきます。セラーやショップなどへの価格交渉などにもこのような経験は活きてくるので、ぜひ積極的に「英語」を使ってみてください。

☑「HISTORY」で転送金額やトラッキングナンバーを確認しよう!

転送が完了すると「商品を転送しました」というメールは届きますが、金額まで見ることができません。MyUSのページの「MY ACCOUNT」の中にある「HISTORY」に記載されているので確認しましょう。

☑ 関税もクレジットカードで支払いしよう！

関税は商品到着時に現金で払うこともできますが、商品の仕入れと同じようにクレジットカードで払うようにしていきましょう。このとき、「HISTORY」に記載されているトラッキングナンバーを使います。

たとえばDHLで転送をかけた場合は10桁のトラッキングナンバーがあります。まずDHLのフリーダイヤル（0120-392-580）に電話をかけて「荷物の関税をクレジットで払いたい」と伝えます。するとクレジットカードの番号などのほかにトラッキングナンバーも聞かれるので、このときに先ほどの10桁の番号を伝えましょう。そうすることで関税の支払

■「MY ACCOUNT」の中にある「HISTORY」

Shipping	DHL Exp to JP: (0, 0, 0) 9 pc. 393.80 l...	8823769	393.80 lbs	View MI	$701.92	export
Shipping	DHL Exp to JP: (0, 0, 0) 8 pc. 492.10 l...	8818024	492.10 lbs	View MI	$905.03	export
Shipping	DHL Exp to JP: (0, 0, 0) 7 pc. 426.00 l...	8814168	426.00 lbs	View MI	$758.20	export
Shipping	DHL Exp to JP: (0, 0, 0) 10 pc. 336.00 ...	8810738	336.00 lbs	View MI	$615.37	export
Shipping	DHL Exp to JP: (0, 0, 0) 4 pc. 864.20 l...	8808270	864.20 lbs	View MI	$1,527.97	export
Shipping	DHL	トラッキングナンバー	8806618	617.0	転送時の総重量	$1,14	$表示が転送金額
Shipping	DHL		8805464	512.0		$920	

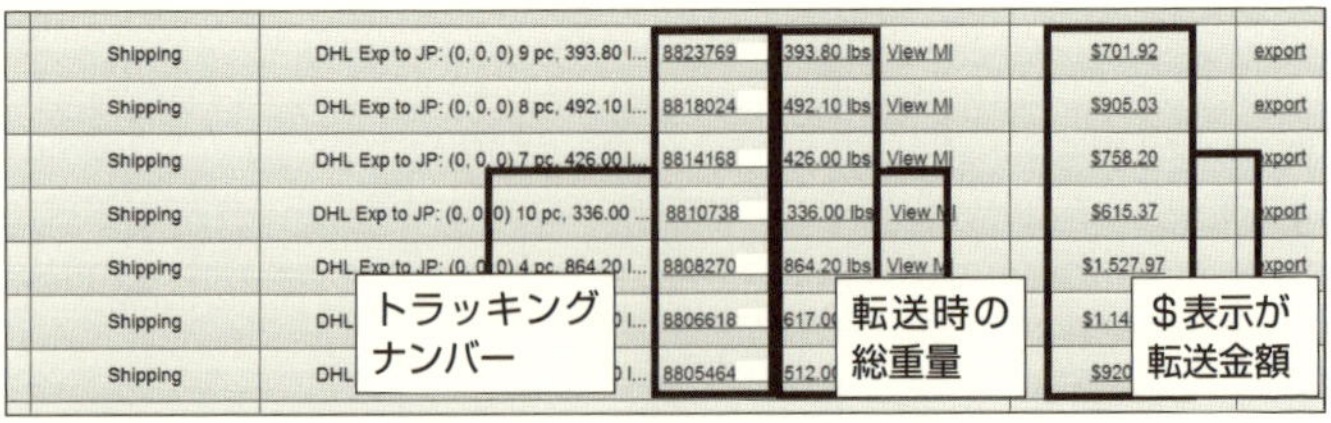

ドル表記がされているものが転送金額。金額をクリックすると内訳も見ることができる。金額の左にあるのはトラッキングナンバー（追跡番号）と転送時の総重量

いも、最低でも1カ月は遅らせることができます。

「極力、現金を使わずにビジネスをする」

これができるのが**Amazon**輸入の魅力です。せっかくなのでこのような支払いにも現金を使わずにビジネスをまわしていきましょう。

⑮「MyUS」の利用方法

☑	メリット	◉ 日本直送ができない商品を送ることができる ◉ 商品をまとめて送ることで「送料のダウン」が見込める
☑	登録	STEP 04 (54ページ)を参照
☑	届いた商品を確認	MyUSの「MY ACCOUNT」の中の「INBOX」からさまざまな確認ができるようになっている
☑	エラーが出たとき	いろいろと試みてダメな場合はMyUSページ上部の「Contact Us」から問いあわせをしてみる
☑	推奨するオプション	◉ Fragile stickers(2ドル):「割れ物注意!」というシール。このシールをそれぞれのダンボールに貼ってもらうことで、少しでも扱いを丁寧にしてもらえる ◉ Add extra packing(5ドル):緩衝材。商品と商品の間にできた隙間にプチプチや新聞紙などを入れてもらうことで、商品の破損を最小限に食い止められる
☑	返品	◉ アメリカAmazon、FBAセラーから商品を仕入れた場合はAmazon注文履歴から返品したい商品を選び「UPS drop off」を選択し返送ラベルを発行、そのラベルを添付してMyUSにメールを送る ◉ 自己発送のセラーから商品を仕入れた場合「返送ラベル」は自動的には発行されず、セラーから発行してもらう。「商品を返品したいので返送ラベルを発行してください」とセラーに連絡をしてみる

STEP 14 ステータス③ ステージ① 「商品登録」の手順

効果的な「出品」で成果を挙げる

このSTEP 14からステータス③に入っていきます。ここからは次頁図⑤の流れに沿って説明をしていきます。

まずは「商品登録」の手順から

いよいよ実際に「商品を出品する」という段階になります。

ここまで読んでいただき、優秀なセラーを探し、そして商品を探し、仕入れまで行うことができているはずです。次の作業として「出品」があります。ここではまずステージ①として、「商品登録」の手順を説明していきます。

⚠ ステージ❶ 商品登録4つの手順

まず、出品者用の管理ページ「セラーセントラル」を開き、「在庫」の中の「商品登録」をクリックしてみましょう。

すると「**Amazon**のカタログを検索」という検索窓が出てくるので、ここに自分が出品したい商品(仕入れた商品)の**ASIN**コードか商品名を入力します。

商品が表示され、右側にオレンジ色で「出品」ボタンが表示されるのでここをクリック。入力すべきところは4カ所です。

図❺

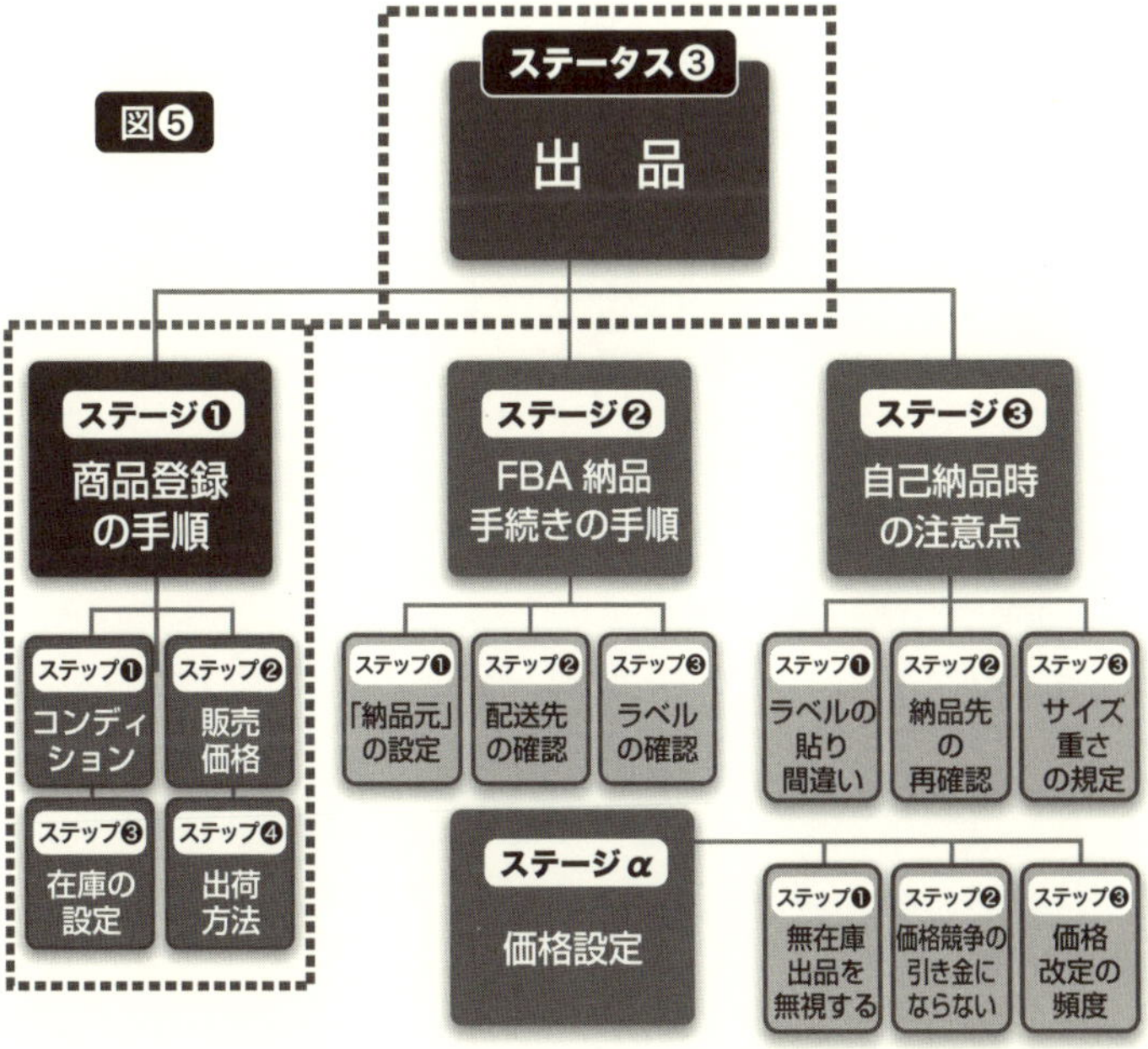

商品登録4つの手順

- ステップ① コンディション
- ステップ② 販売価格
- ステップ③ 在庫の設定
- ステップ④ 出荷方法

⚠ ステップ① 「コンディション説明」で差別化を図ろう

まずは「コンディション」。ここで「新品」や「中古」など、それぞれの商品に適したものを選びます。ほとんどの場合は「新品」を選びますが、アメリカから日本に到着した商品の状態があまりにもひどい場合は「中古」を選びましょう。また、付属しているはずのものがついていない場合には「コレクター商品」などに設定し、その旨をコンディション説明に記載しておくという手

■ セラーセントラル「在庫」の中の「商品登録」

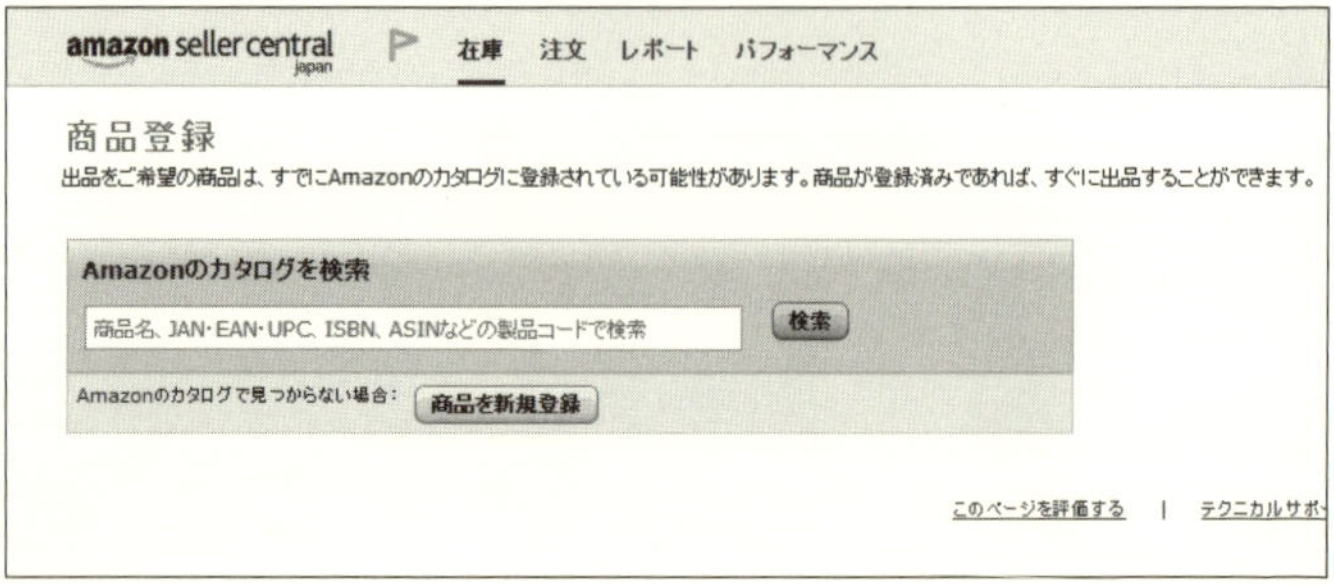

段もあります。FBA出品をする以上、ショッピングカートさえ獲ればいいですが、「コンディション説明」にも気を遣ったほうがいいことは間違いありません。慎重なお客様は、各セラーの評価やコンディション説明まで見ていることが予想されるからです。

たとえばあなたが「慎重なお客様」だとして、ほとんど同じ価格で「新品未開封」としか書かれていないセラーと、丁寧にコンディションを書いているセラー、どちらから買うでしょうか？おそらく後者から買うほうが多いと思います。これは、そのセラーの説明を見て「しっかりしてそう、信頼できそう」と感じるからですよね。

一度、自分なりのテンプレートをつくってしまえば、あとはそれを毎回使うだけで何も面倒なことはありません。うまい文言を使っているセラーを何人か探して「いいとこどり」をしてみましょう。

☑ 注意 「並行輸入品です」と書くのはNG

ここで注意すべき点があります。**「並行輸入品」と書かれていない商品なのに、コンディションの文章内に「並行輸入品です」などと書くのは禁止されています。**私は上記のケースで数回、その商品の出品を停止されたことがあるので気をつけてください。逆に商品名に「並行輸入品」

と表記されている場合では、コンディション内に「並行輸入品です」と書くのはＯＫです。

ステップ❷ 販売価格

次に「販売価格」を設定してみましょう。ここにはＦＢＡセラーの最低価格と同等か、ちょっと上の数字を入力しておくのがいいと思います。ありがちなのが、自己発送セラーと同じ価格にしてしまうというものです。しかし、それだとＦＢＡセラーのメリットを活かせないので、必ずほかのＦＢＡセラーの価格を目安に設定してください（価格設定は１７９ページの STEP 17 で詳しく解説していきます）。

ステップ❸ 在庫の設定

「在庫」という欄も必須項目で、ここには、ＦＢＡセラーであれば「０」と入力します。現段階では商品登録を行うだけで在庫の納品はしていない段階なのでゼロという意味です。在庫が納品され次第、商品は自動的に出品されていきます。「３個仕入れたから３」などと入力しないように注意してください。

ステップ④ 出荷方法

最後に「出荷方法」です。「商品が売れた場合、Amazonに配送を代行およびカスタマーサービスを依頼する（FBA在庫）」を選びます。この設定を保存しておくと、ほかの商品の登録時にも自動的にこちらが選ばれるのでぜひ保存しておいてください。

ページ下部にある「保存して終了」をクリックすれば、その商品の登録は終了です。

その次に「在庫をAmazonへ発送」というページに飛んでいきますが、次の商品の登録をする場合はまた「在庫」から「商品登録」を選び、前記の手順を繰り返していきましょう。

⑯ 商品登録4つの手順

☑	「コンディション説明」で差別化	「コンディション説明」でライバルと差別化を図る。同じ価格で「新品未開封」としか書かれていないセラーと、丁寧にコンディションを書いているセラーでは雲泥の差がある。「並行輸入品です」と書くのはAmazonの規約上NG
☑	販売価格	FBAセラーの最低価格と同等か少し上の数字を入力しておく。自己発送セラーと同じ価格にしてしまうとFBAセラーのメリットを活かせないので必ずほかのFBAセラーの価格を目安に設定する
☑	在庫の設定	FBAセラーであれば「0」と入力。在庫が納品され次第、商品は自動的に出品されていく
☑	出荷方法	「商品が売れた場合、Amazonに配送を代行およびカスタマーサービスを依頼する（FBA在庫）」を選択。この設定を保存しておくとほかの商品の登録時にも自動的にこちらが選ばれる

STEP 15 ステータス③ ステージ②「FBA納品手続き」の手順

ステップ① 発送元の設定と数量の入力

Amazonの倉庫に送る

商品を登録し、実際に商品群をAmazonのFBA倉庫に送るときに行う作業が「FBA納品手続き」です。

まず、セラーセントラル上部の「在庫」の中の「在庫管理」を選び、自分が納品したい商品の左のチェックボックスにチェックを入れていきます。

次に、画面上部の「変更」の中の「Amazonから出荷」を選び、「在庫を納品する」をクリックします。「新規に納品プランを作成、または既存の納品プランに追加しますか？」というページになるので、ここで、自宅から発送する場合は自分の住所を、納品代行業者を使う場合はその

■「Amazonから出荷」を選び、「在庫を納品する」をクリック

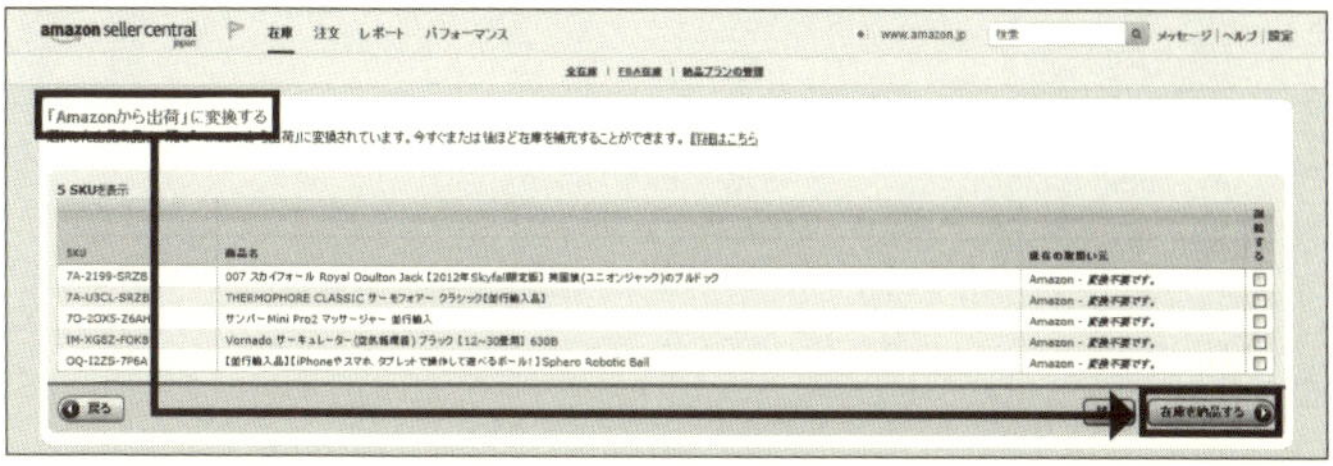

■「新規に納品プランを作成、または既存の納品プランに追加しますか?」

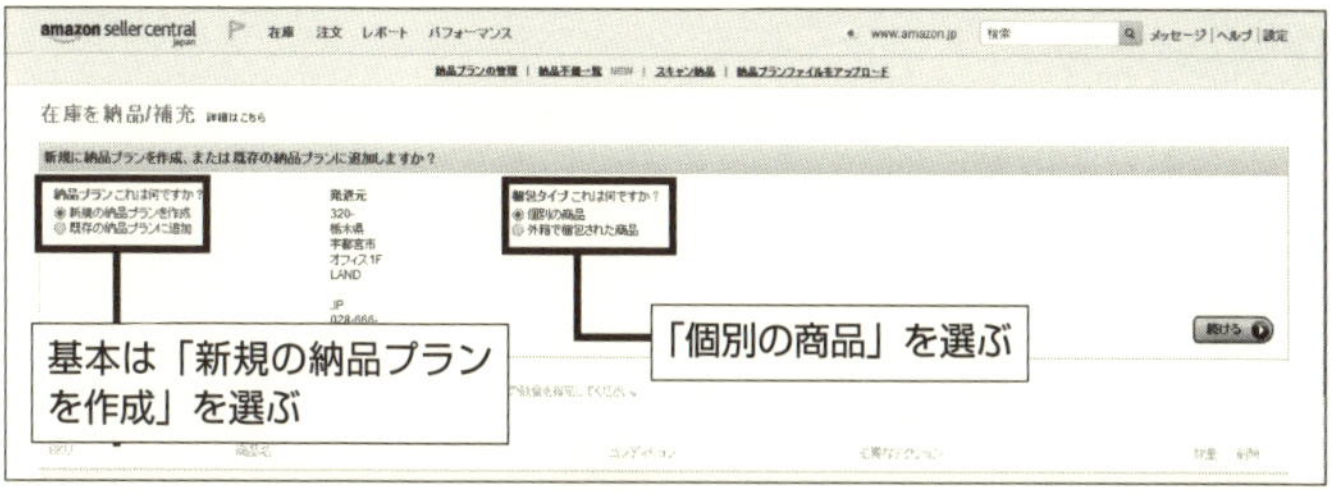

住所を入力しましょう。

「梱包タイプ」という項目は、基本的には「個別の商品」を選んでおけば問題ないでしょう。「外箱で梱包された商品」という項目は、1つの商品を1度に数十個や数百個など送る際に使います。

ステップ② 商品サイズによって配送先は異なる

次に、それぞれの商品の数量を入力していきます。

このときの「大型商品」などは、「サイズ」のところに「大型サイズ」などと表示され、配送先が別のところになるということを覚

えておいてください。

数量の入力が終わったら「続ける」をクリックして次のページに進みます。

「ラベル貼付」は有料でAmazonがやってくれるサービスもありますが、ここでは「出品者」を選びましょう。

ステップ③「商品ラベル」と「配送ラベル」

商品ラベルを印刷、また

商品の数量

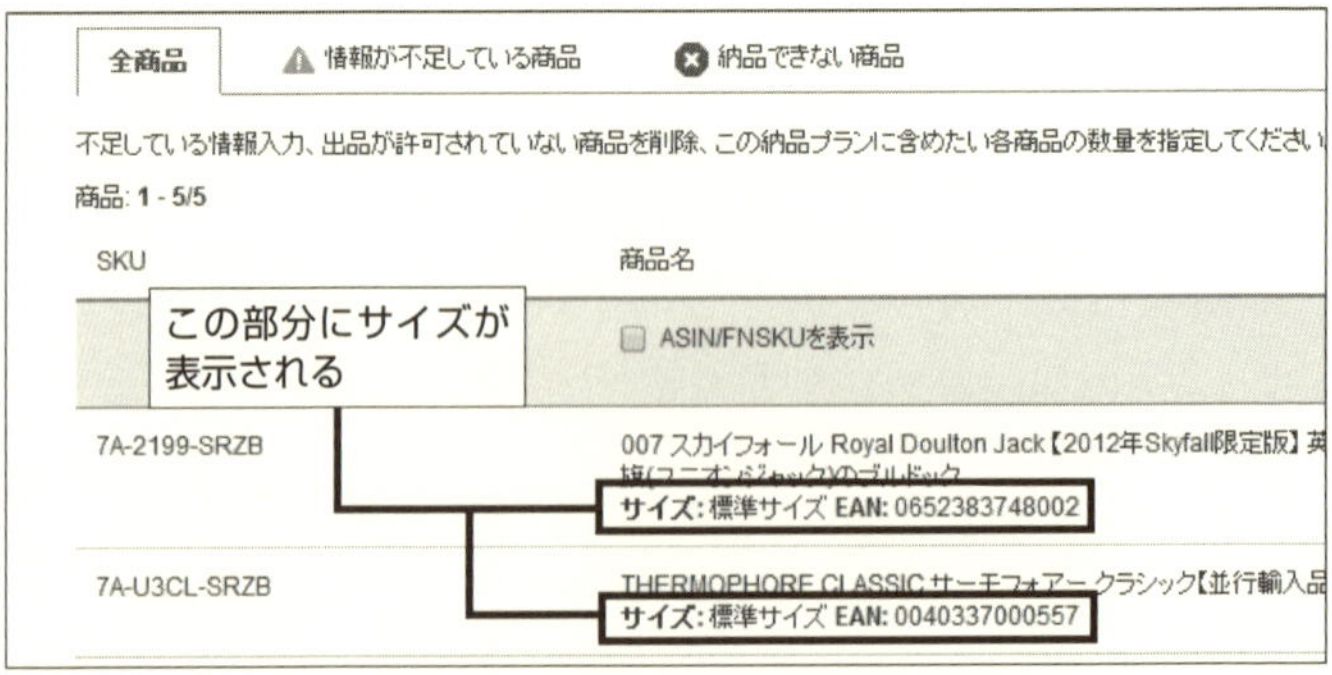

ラベル貼付

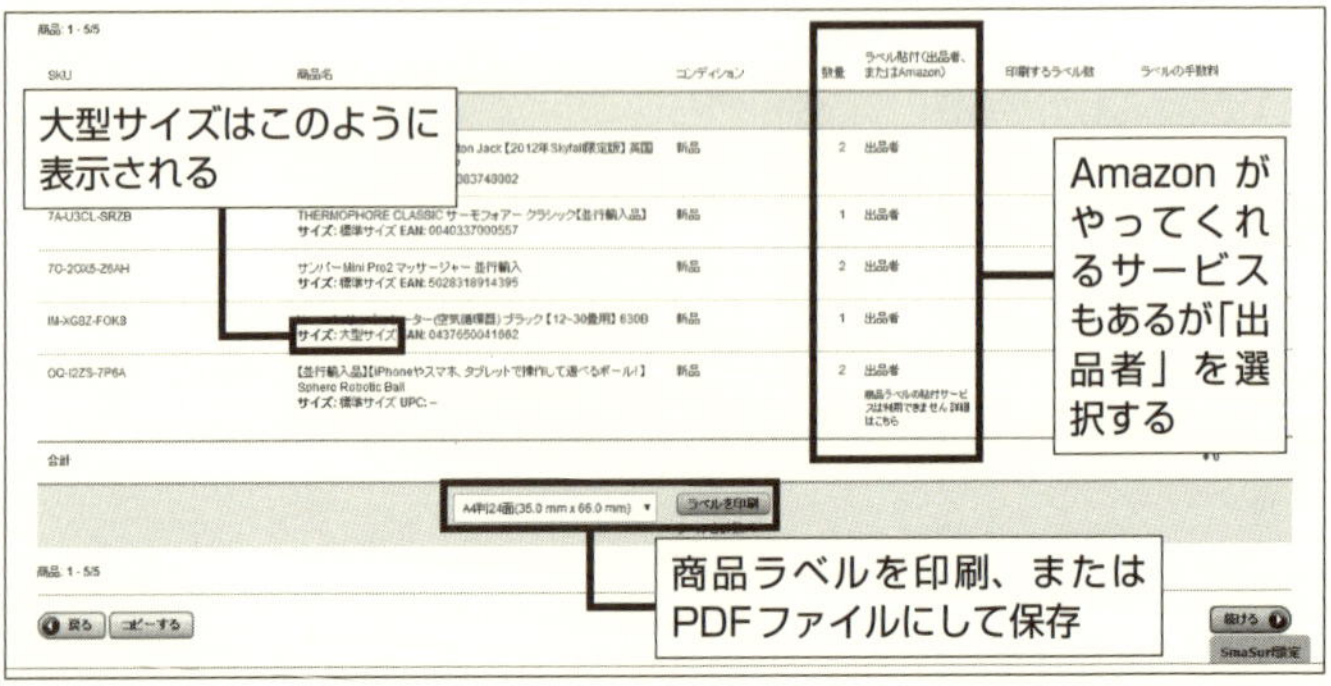

はＰＤＦファイルにして保存しておきます。サイズを選び「ラベルを印刷」をクリックします。

次のページへ行くと、納品する倉庫の数だけ納品ＩＤが作成されています。ここでは「標準サイズ」と「大型サイズ」の２つの納品先があるので納品ＩＤは２つになっています。

「納品を確定」をクリックして次のページに進みましょう。倉庫別に「納品作業を続ける」ボタンを押して手続きを進めていきます。

☑配送業者

ここで「配送業者」を選ぶのですが、すでに決まっていればその業者を、決まっていなければ「その他」でもいいです。

☑箱の数

「箱の数」のところには、発送する段ボールの数を入力し、「配

■ 納品ID

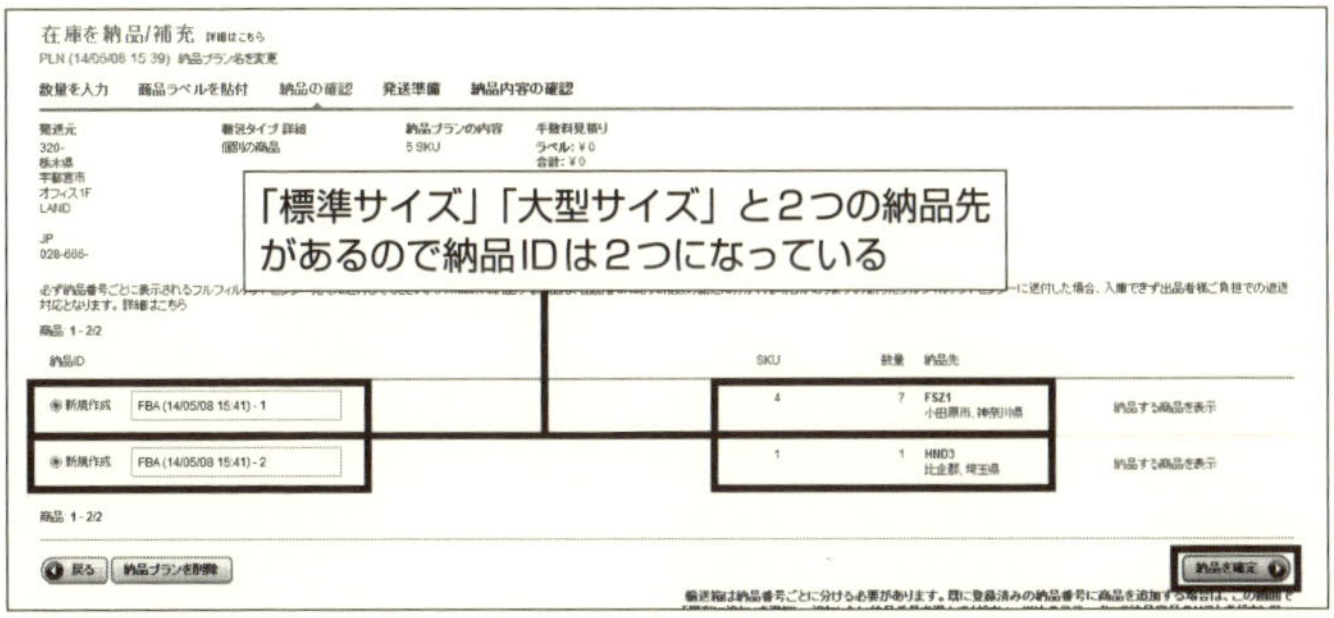

送ラベルを印刷」をクリックします。その場で印刷してしまうか、納品代行業者を使う場合はPDFとして保存しておきましょう。

☑ トラッキングID

「納品を完了する」をクリックするとトラッキングIDを入力する画面になりますが、この段階ではわからないこともあるので、未入力でもよいでしょう。

大型商品など、別の配送先のものがあれば、「別の納品

■「配送業者」「配送ラベル」

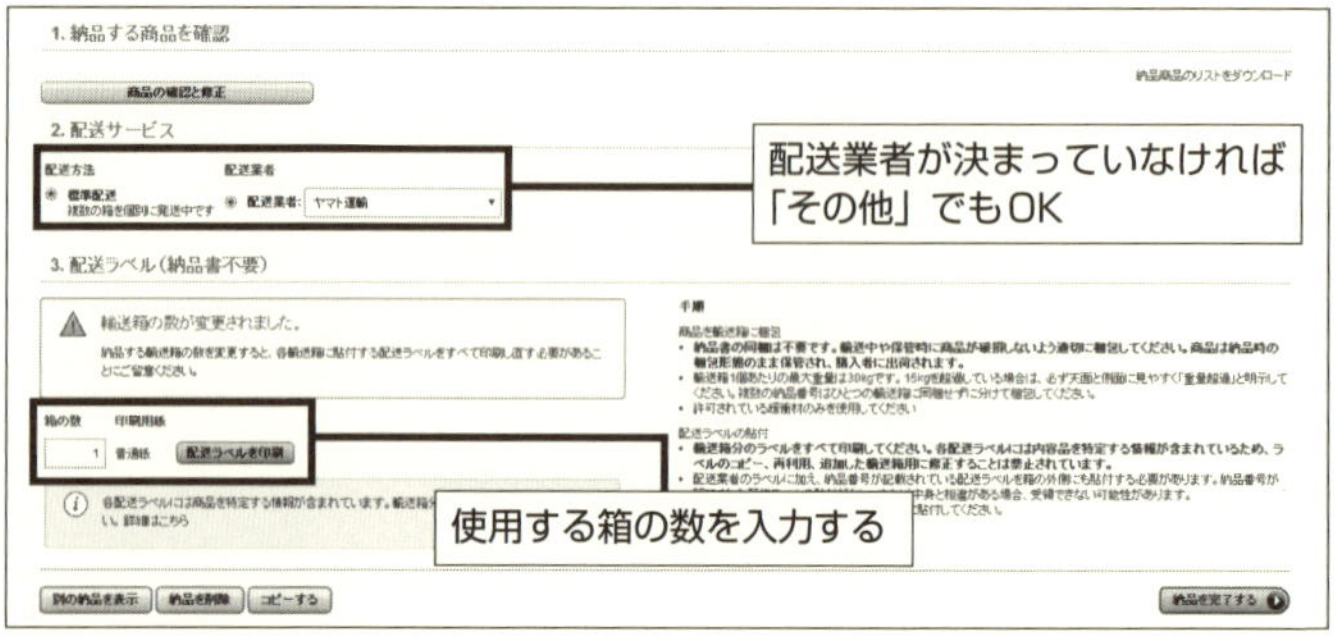

■トラッキングIDの入力

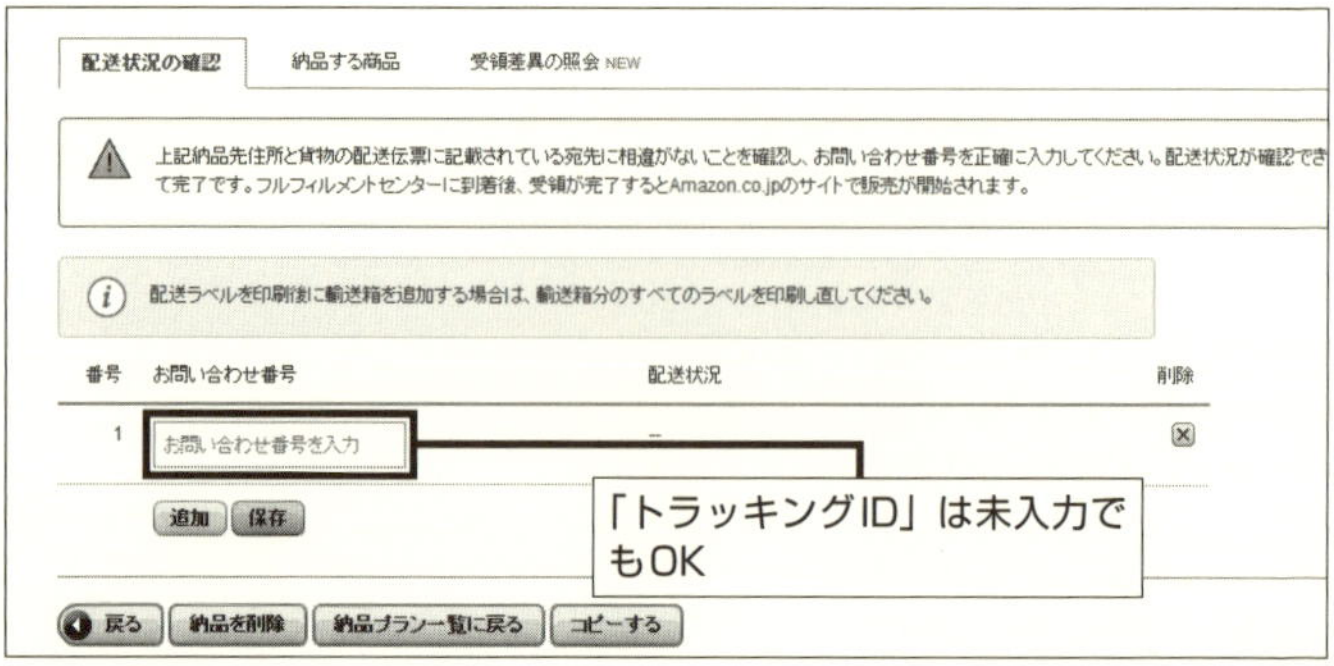

を表示」をクリックして右記と同様の手順で進めていきましょう。

「商品登録」と「FBA納品手続き」は最初は勝手がわからずに戸惑うと思いますが、数をこなすことで間違いなく慣れていきます。また、困ったときはセラーセントラルからテクニカルサポートに連絡すれば親切に教えてくれるので、メールなどが面倒だと感じる人は積極的に「通話」をして、問題の解決に挑んでいきましょう。

■⑰「FBA納品手続き」の手順

☑	**発送元設定と数量の入力**	セラーセントラル上部の「在庫」の中の「在庫管理」を選び、自分が納品したい商品の左のチェックボックスにチェックを入れていく。 「新規に納品プランを作成、または既存の納品プランに追加しますか？」というページで、自宅から発送する場合は自分の住所を、納品代行業者を使う場合はその住所を入力する。 「梱包タイプ」という項目は「個別の商品」を選んでおけば問題ない。 「外箱で梱包された商品」という項目は１つの商品を１度に数十個や数百個など送る際に使います。 次に、画面上部の「変更」の中の「Amazonから出荷」を選び、「在庫を納品する」をクリックする
☑	**商品サイズによって配送先は異なる**	「大型商品」などは「サイズ」欄に「大型サイズ」と表示され配送先が別になる「ラベル貼付」は有料でAmazonがやってくれるサービスもあるが「出品者」を選択する
☑	**商品ラベルと配送ラベル**	商品ラベルを印刷、またはPDFファイルにして保存。サイズを選び「ラベルを印刷」をクリック。 次のページで納品する倉庫の数だけ納品IDが作成されている。「標準サイズ」と「大型サイズ」の2つの納品先がある場合などは納品IDは2つになる。 「納品を確定」をクリックして次のページに進む。 倉庫別に「納品作業を続ける」ボタンを押して手続きを進める。「配送業者」は決まっていれば入れる。 「箱の数」「トラッキングID」はわかれば入力する

STEP 16

ステータス③ ステージ③ 自己納品時の注意点

⚠ 自分で発送してみることで輸入ビジネスの流れがつかめる

商品をFBA倉庫に納品するときは、あくまでもパソコン1台ですべての工程を完結させるということを目標とすると、納品代行業者など外注化したほうがいいでしょう。しかし、最初のうちは自分で納品してみるというのももちろんいいことです。なぜならば、**仕入れから荷物の到着、状態確認、手配、発送まで一連の輸入ビジネスの流れを理解することができます。**

また、商品が返品されて改めて納品する場合はご自身で納品することになる可能性が高いので、自己納品のやり方も一通り把握しておいたほうがいいでしょう。

それではこれから自己発送時の注意点を挙げてみます。

ステップ❶ 「商品ラベル」の貼り間違いに気をつける

特に似ている商品や、サイズや色が違うだけの商品は注意してください。

商品ラベルを間違えて貼りつけてしまった場合、1つの商品だけではなく、ほかの商品のラベルも間違っていることを意味します。

もしクレームなどでこのような事態が発覚したときは、間違えてラベルを貼ってしまったと思われるもう片方の商品の出品も停止して、一度自宅に返送してみるなどしてラベルの再確認・再納品をするようにしましょう。

ステップ❷ 納品先をもう一度確認する

納品先の倉庫がちゃんとあっているかどうか、発送前にもう一度確認しましょう。

地域によって違いはありますが、標準サイズや大型サイズなどの納品先はほとんどの場合異なります。

間違えて発送してしまうと返送されてしまうので注意してください。

ステップ③ サイズは規定を守る

郵送時にはダンボールのサイズや重さの規定も守ることを心がけてください。

基本的には1つのダンボールで140サイズ・15キログラムを大幅に超えないことが求められています。多少の超過は見すごされますが、倉庫到着時にNGとなるとやはり返送されてしまうので注意が必要です。

このようなミスは、販売機会の損失や送料の無駄払いにつながってしまうので、ゼロとはいわないまでも、極力なくす努力をしてみてください。

⑱ 自己納品時の注意

☑	メリット	仕入れから荷物の到着、状態確認、手配、発送まで一連の流れを理解することができる。商品が返品されて改めて納品する場合は自分で納品することになるので、自己納品のやり方も一通り把握しておく
☑	商品ラベルの貼り間違い	特に似ている商品や、サイズや色が違うだけの商品は注意。商品ラベルを間違えて貼りつけてしまった場合、1つの商品だけではなく、ほかの商品のラベルも間違っていることを意味する
☑	納品先確認	納品先の倉庫がちゃんとあっているかどうか、発送前にもう一度確認する。標準サイズ、大型サイズなど納品先はほとんどの場合異なる。間違えて発送してしまうと返送されてしまうので注意
☑	サイズ	基本的には1つのダンボールで140サイズ・15kgを大幅に超えないことが求められる。違反すると荷受NGとなる可能性もある

STEP 17 ステータス③ ステージα 価格設定について

ズバリ「いくら」にすべきなのか？

「全体の利益」を左右する大きなポイント

みなさんの裁量で決められるものの1つに「価格」があります。これから多くの商品を扱っていくことになりますが、一つひとつの商品はそれぞれ「いくら」で販売すべきなのでしょうか？

利益が取れる金額で販売していくのはもちろんですが、場合によっては「損切り」、つまり赤字で販売してしまったほうがよいときもあります。それはなぜかということも含め、この STEP 17 では、価格の設定について詳しく説明をしていきます。

最終的な「全体の利益」を左右する大きなポイントなので、しっかりと理解したうえで価格を決めていってください。

☑「ショッピングカート」の再度の理解

まず、FBAセラーの最大の武器である「ショッピングカート」「カートボックス」と呼ばれるものついて改めて考えてみましょう。

もしもほかのFBAセラーの最安値が5000円で、ショッピングカートを獲得していた場合（トップページに表示されていた場合）、あなたは5000円よりも下に価格を設定する必要はまったくありません。その場合は5000円から5100円くらいの間に価格を設定しておけば、同じようにショッピングカートを獲得できます。ショッピングカートのしくみについてはAmazonも非公表ですが、**カートを獲れる最安値から2パーセントくらい上の価格でも獲得はできます**。ですから、「5000円なら5100円まで」、「1万円なら1万200円まで」などと推測できるわけです。

⚠ ステップ❶ 自己発送セラーは無視しよう！

自己発送のセラーの中には、しっかりと在庫を持って出品しているセラーももちろんいますが、売れてから商品を仕入れる、いわゆる「無在庫セラー」もたくさんいます。

無在庫セラーも含め、ＦＢＡ出品をしていない自己発送セラーの価格は完全に無視してしまって大丈夫です。

ショッピングカートを獲得できる価格帯に価格を設定しておくことがもちろん一番大切なのですが、もし、自己発送セラーがカートを獲得していた場合は、それは無視してあくまでも「ＦＢＡの最安値」を判断の基準にしましょう。たとえば自己発送セラーが４０００円でカートを獲得していてＦＢＡ最安値が５０００円の場合は、５０００円から５１００円の間に価格を設定します。

これは「トップページから商品を買わずに、出品者一覧を吟味してから買うお客様」もいるからです。４０００円の自己発送セラーの送料を見ると５００円。しかも「お届けまで2週間」と書いてある。その下を見てみると価格は送料込みで５０００円。そして「早ければ翌日到着」。これを比較して後者を選ぶお客様もいることは想像できると思います。

「とにかく早くほしい」と思っているお客様は確実にいるわけです。

自己発送セラーの価格を無視し、ＦＢＡセラーの価格を基準とすることで、利益の最大化を図っていきましょう。

⚠価格競争につきあうべきか

多くの人たちがAmazon輸入を実践している以上、1つの商品に多くのセラーが集まるのは必然といえます。その中で一番忘れてはいけないのは「利益を出すこと」です。

それを忘れてしまっているのか、それとも独自の仕入先があるのかわかりませんが、おそらく前者のパターンでも**価格競争に巻き込まれてしまっている人がたくさんいます。**

価格競争につきあうことと巻き込まれることはまったく違います。**大切なのは、さまざまな手数料等も含め、自分がいくらで仕入れたのかを把握しておくことです。その把握ができていないのにも関わらず、価格競争につきあってはいけません。**

価格競争につきあってもいいケース、それはまだまだ利益が取れるときです。また、自分の状況を理解したうえで価格競争につきあうのは悪いことではありません。

「資金を回す」ことが大切なので、ときには思い切って「損切り」もしていく必要があります。特に、あまり売れていない商品で価格競争が起こってしまった場合は、高値で待っていても売れない可能性のほうが高いので、できるかぎりＦＢＡ最安値についていくようにしましょう。

⚠ ステップ② 価格競争の引き金にならない

多くの商品を扱っていると「自分が価格競争の引き金になってしまっている商品」というものが出てくることがあります。そのような事態を未然に防ぐ、もしくは減らすにはどうすればよいのでしょうか？

☑「緑色のチェックマーク」に着目する

セラーセントラルの在庫管理画面を開いてみてください。注目すべきは、「最低価格」の欄に表示される「緑色のチェックマーク」です。そのマークが表示されているときは毎回その商品のページまで飛んでいき、しっかりと状況を確認しましょう。

もしこのときに、出品しているのが自分だけという場合や、ほかのセラーよりも安かった場合、**その価格で売れてしまったらもったいないので価格を上げておきましょう。**

競合セラーが多い場合でもその緑色のマークが表示されている商品は、自分が価格競争の引き金になっていないかどうか、確実にチェックするようにしてください。

「いかに安く売らないか」

これは、利益率に大きく関わってくることです。緑色のチェックマークを常に意識することを心がけてください。

⚠ ときには価格を大幅に上げてみる

☑ 価格を上げるケースの一例

Amazonでは、価格を下げるばかりが価格改定ではありません。前述した「いかに安く売らないか」ということを常に頭に入れて、ときには価格を大幅に上げてみるということもしてみましょう。たとえばＦＢＡ出品者が自分を含め、３人しかいなかった場合。自分が価格を引き上げることでほかの２人もそれに乗ってきてくれることがあります。

できるだけ高く売りたいというのはみんな一緒です。

■ 緑色のチェックマーク

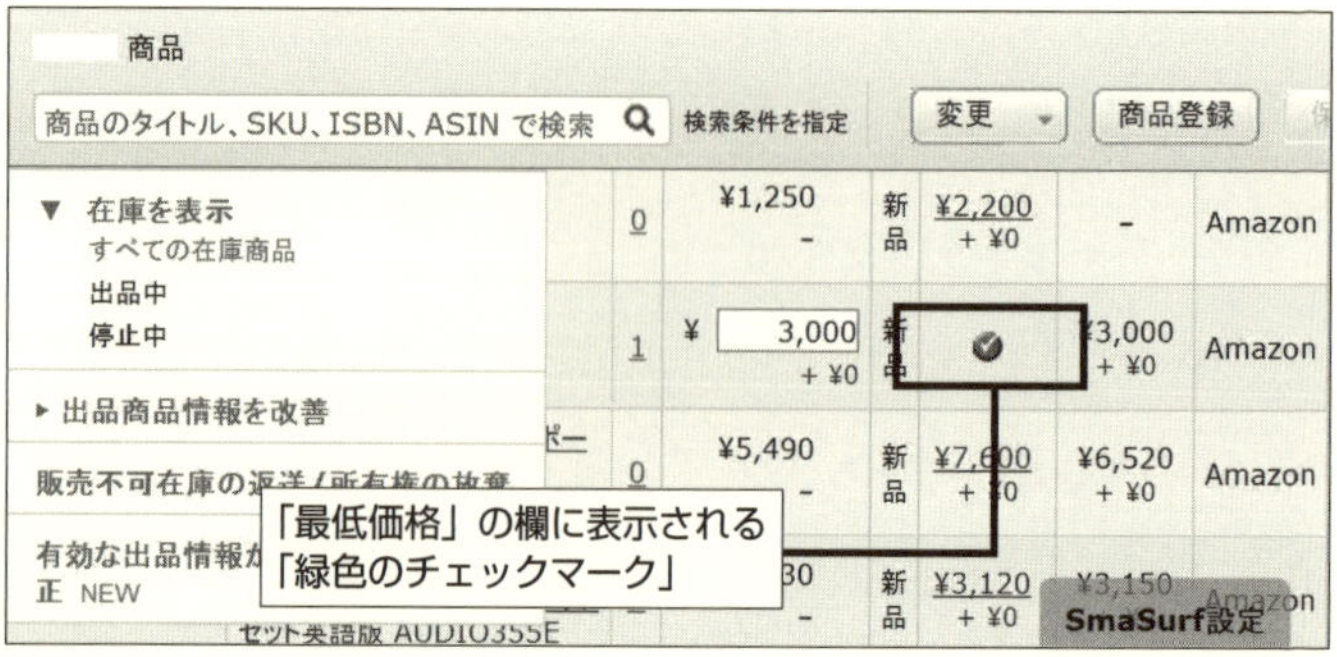

◉ **自分……5000円**
◉ **セラーA……5000円**
◉ **セラーB……6000円**

このような場合などは極力セラーBの価格、つまり6000円にまで上げてみるのがいいでしょう。さらにいえば、これが月に5個くらい売れている商品で、ほかのセラーが在庫を1個ずつしか持っていなかった場合は、7000円や8000円まで上げてしまってもいいと思います。

FBA単独出品の場合

では、出品しているFBAセラーが自分しかいない場合はどうすればよいのでしょうか？

その場合にはまず**「いくらまでならショッピングカートを獲得できるか」を探ってみましょう。**

たとえば自己発送セラーの最安値が1万円だったときに、自分が1万1000円、しかもショッピングカートが獲れている場合。その場合は1万1000円にしておくのは非常にもったいないことです！

まずは1万3000円などにして、それでもカートが獲れるかを確認してみましょう（価格が反映されるのには数分かかるので、数分後に見てみてください）。

それでカートが獲れていなかったら今度は1万2000円などにしてみます。

そのようにしていくらまでならカートが獲れるのかをチェックし、上限の価格を探っていってみてください。**挑戦的な価格でも、需要がある商品は売れていくはずです。**

ステップ③ 価格改定は週に何回行うべきか？

副業実践者は土日に行う

商品の価格はめまぐるしく変化しており、ショッピングカート獲得をねらっていく以上、価格改定は必要です。では、どれくらいの頻度で行うべきなのでしょうか？

答えは「毎日がベスト」ですが、副業で取り組んでいる人には厳しいですよね。ですから、「平日は気が向いたら」「土日はできるかぎり行う」という方針でもいいと思います。

なぜ土日は必須かというと、副業で実践している多くの人にとって「時間ができる➡価格改定する」となるためです。この間に価格が大きく変動していく可能性もあり、動向をチェックしていく必要があるのです。

さらに、これが一番の理由なのですが、**土日は商品がよく売れるからです。商品にもよりますが、土日は終日、また平日は「夜」によく売れます。**

平日の夜……単純に「パソコンの前に座る人」が多いからですね。同じような理由で、土日は終日売れるということは理解できると思います。

価格改定も含め、そのようなお客様の目線でビジネス全体を眺めてみるということもぜひしてみてくださいね。

⑲ 自己納品時の注意

☑	自己発送セラーは無視	売れてから商品を仕入れる無在庫セラーも含めFBA出品をしていない自己発送セラーの価格は無視する。自己発送セラーがカートを獲得していた場合は無視して「FBAの最安値」を判断の基準にすることで利益の最大化を図っていく
☑	価格競争につきあうべきか	大切なのは手数料等も含め、自分がいくらで仕入れたのかを把握しておくこと。その把握ができていないのにも関わらず価格競争につきあってはいけない
☑	価格競争の引き金にならない	「最低価格」の欄に表示される緑色のチェックマークが出ているときは毎回商品ページまで飛んで状況を確認。もしこのときに出品しているのが自分だけや、ほかのセラーよりも安かった場合、その価格で売れてしまったらもったいないので価格を上げる
☑	いかに安く売らないか	FBA出品者が自分を含め3人しかいなかった場合、自分が価格を引き上げることでほかの2人がそれに乗ってきてくれたりする。出品しているFBAセラーが自分しかいない場合はいくらまでならカートが獲れるのか上限の価格を探る
☑	価格改定は週に何回行うべきか	平日は気が向いたら、土日はできるかぎり行う。副業で実践している多くの人にとって「時間ができる ⇨ 価格改定する」となる。この間に価格が大きく変動していく可能性もあるため動向をチェックしていく。また土日は商品がよく売れるため価格設定には気をつけるべき

コラム 新しい稼ぎ方・ビジネスがあるということを証明する

◆結果を出せば文句を言われなくなる

Amazon輸入をはじめるにあたり、実践そのもののスキルやノウハウとは別に、いくつかの「障壁」が出てくることがあります。

まず、あなたの家族や友人の「反対意見」です。

そもそも、ネットビジネスでお金を生み出そうと考える人は少数です。少数派のあなたは、多数派から「変わっている」「うさん臭い」などと思われ、ときには猛反対を受けることもあるでしょう。

しかし、ある程度の結果が伴ってくると、多数派は何も言わなくなるという現実があります。

そういう稼ぎ方、ビジネスが存在するということを身を持って証明し、ぜひとも彼らの価値観を変えてあげてください。

◆「集い」に参加してみる

また、実践を続けていくと、やはり周りにそのようなことをしている人がいないせいか、「孤独」を感じることも多々あるでしょう。

そのようなときは、自分と同じように輸入ビジネスをしている人の集いに参加してみてください。具体的に言うと「セミナー」などですね。

セミナーの内容が勉強になることももちろんですが、それよりも大切なのは、「自分と同じことをしている人が存在する」「大きな結果を出している人がたくさんいる」ということを肌で感じ取ることができる点です。

たとえば、近くに住んでいる人を探してみる。たとえば、自分と同じくらいの利益を上げている人と仲良くなってみる。

出会いが相乗効果を生み、あなたのモチベーションは確実に上がることでしょう。孤独を感じたときや行き詰まったときなどは、思い切ってそのような集いに足を運んでみてください。あなたの想像を超える効果があるはずです。

第4章

発展編 ライバルに差をつけるテクニック

STEP 18 ステータスα ステージ① ライバルに差をつける「リサーチの発展」

「3・3・3 **Amazon**輸入実践法」はいかがだったでしょうか。ここまでのことを実践するだけでも、十分サラリーマンの副業としては満足な結果が得られると思います。

しかし、まだまだ先を目指したい人もいるはずです。ここからは特別編 **ステータスα** として、ライバルセラーに差をつけるテクニックをご紹介します（左頁 **図⑥** 参照）。

ここからがこの本の肝といってしまってもいいかもしれません。ぜひ取り組んでみてください。

まずは **ステージ① リサーチの発展**です。

⚠ ステップ① 売れている商品の「周辺」を探そう！

セラーリサーチ、キーワードリサーチなどのほかに、いい商品を見つけられる可能性が高いのは「周辺リサーチ」です。まず、何か1ついい商品が見つかったとします。

「いい商品を見つけた！　それじゃ次！」

という感じでまた商品を探していくよりも、違った視点でそのときに見つけた商品を改めて眺めてみることをお勧めします。というのも、いい商品の「まわり」にはほかにもいい商品がある可能性が高いからです。Amazonの商品ページで、見ていただきたい部分が3つあります。

図❻

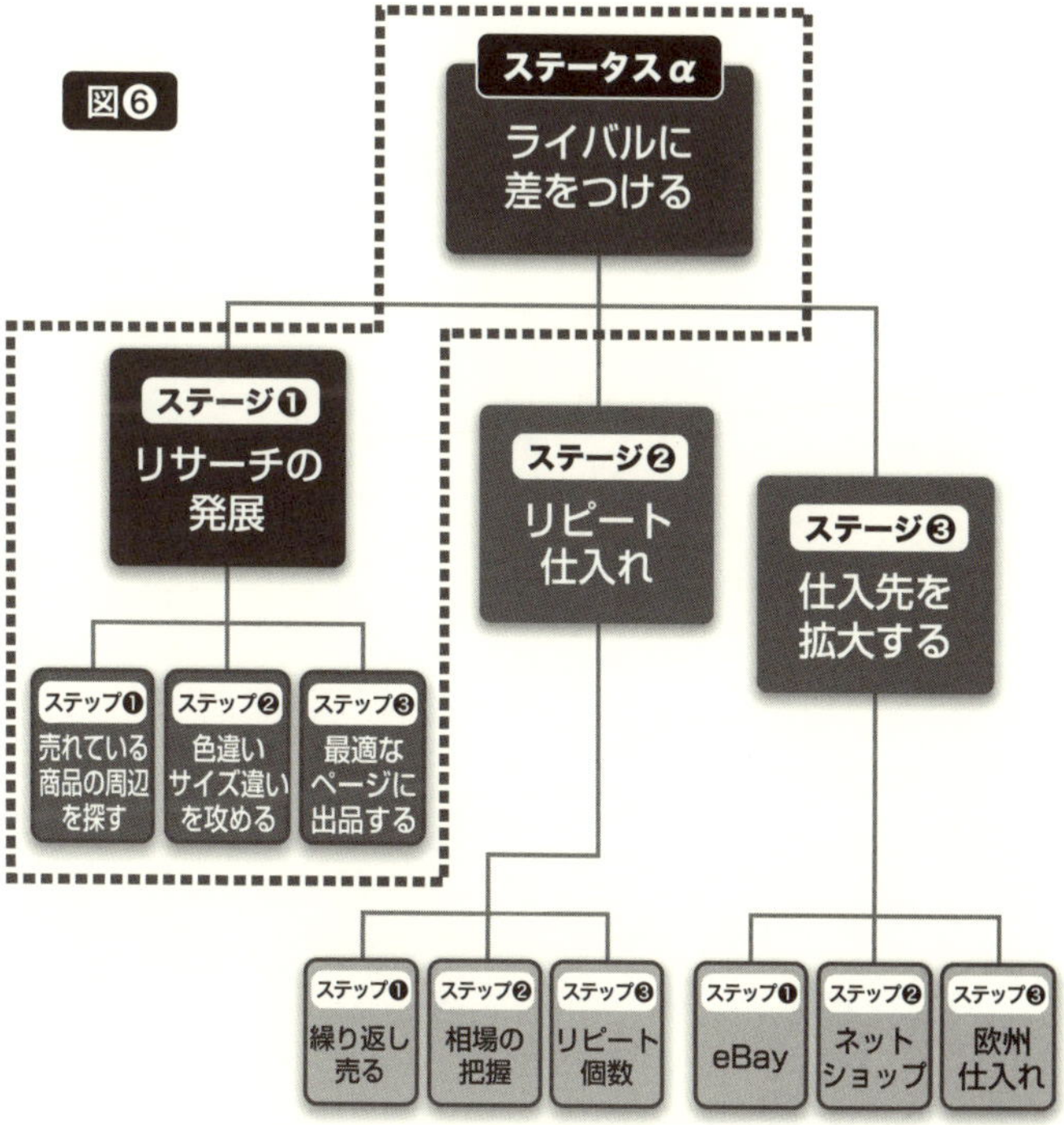

商品ページを下にスクロールさせていくと、次のような項目が出てきます。


「よく一緒に購入されている商品」

「この商品を見た後に買っているのは？」

「この商品を買った人はこんな商品も買っています」


これはAmazonがお客様の購入データに基づいて表示しているものなので、お客様のAmzon内での導線をたどることができます。これを利用しない手はありません。売れている商品の「周辺」にも売れている商品があるということを常に頭に入れておき、芋づる式にいい商品を見つけていってください。

ステップ❷ 色違い、サイズ違いを攻める

売れている商品に複数の色やサイズがあった場合、それらの商品も売れる可能性が高いです。

たとえばサイズがS・M・Lと3種類あって「M」が一番売れていた場合。SサイズとLサイ

ズも少量仕入れてみるというのも有効な考え方になります。

周辺リサーチと同じように、**いい商品を見つけたらそれ1つでは終わらせずに、「まだまだこの近くに売れる商品があるのでは？」という意識を持ちましょう。**同じようにリサーチをしている人がその商品しか見つけられないのに対して、あなたは3個や5個などとさらに多くの商品を見つけることができるはずです。

ステップ③ 商品ページが複数あったときは最適なページに出品しよう！

Amazonでは私たちセラーが商品ページを作成できるため、まったく同じ商品でも商品ページが複数になっていることがあります。たとえば、「正規輸入品」と書かれているページと、それ以外のページがあります。基本的には多くの人が正規輸入という形態ではないので、正規ページに出品してしまうと規約違反とみなされて出品を停止されてしまったりします。

そこで、正規輸入以外のページに出品することになるのですが、その中でも「並行輸入」と書かれているページと、そうでない場合があります。

このときに「どのページに出品するか」迷うことがあると思いますが、**価格、競合出品者の数、**

■「並行輸入品」と書かれているページと書かれていないページ

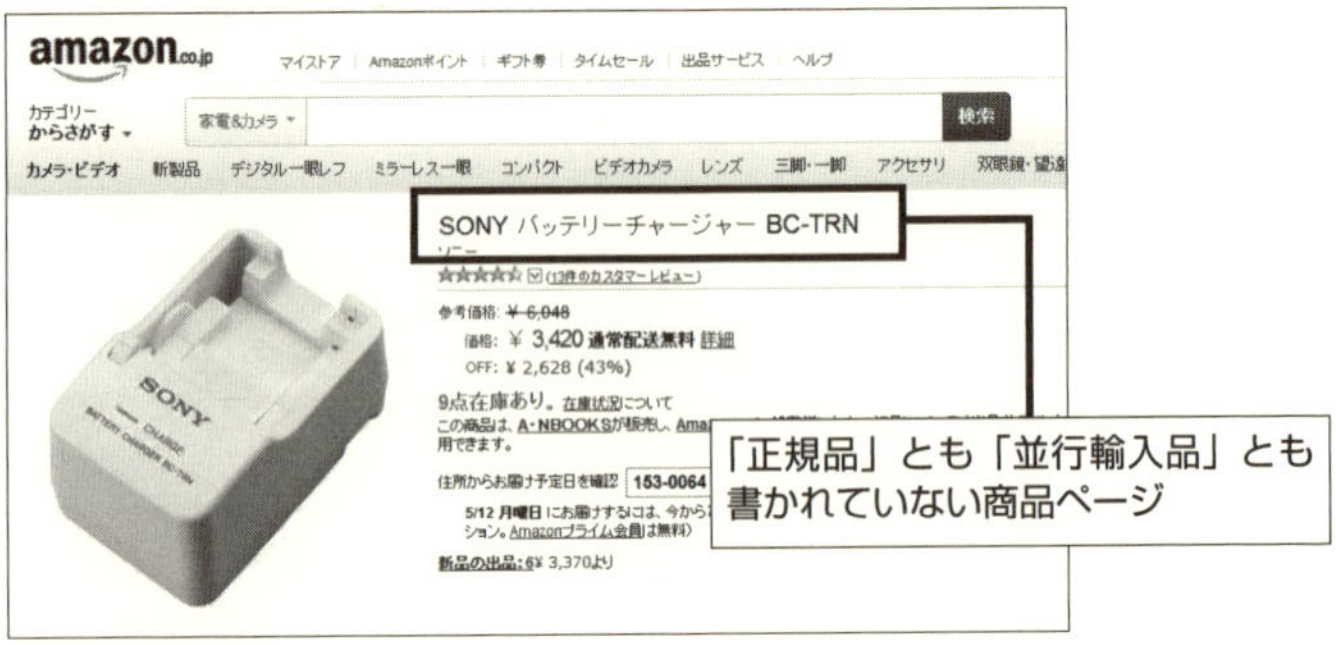

ランキング、プライスチェック等を吟味して、より良い条件のほうを選ぶのがいいでしょう。

　また、上記の条件のほかに「**ASIN**コードが一致しない」ほうのページを選ぶことも有効です。リサーチをしているときに見つかりにくいからですね。

　そちらがあまりにも売れていない場合は、**ASIN**が一致しているページに出品したほうがいいですが、プライスチェックなどを見て、そこまで大差がない場合はそちらを選ぶことも検討してみてください。

■「この商品を買った人はこんな商品も買っています」

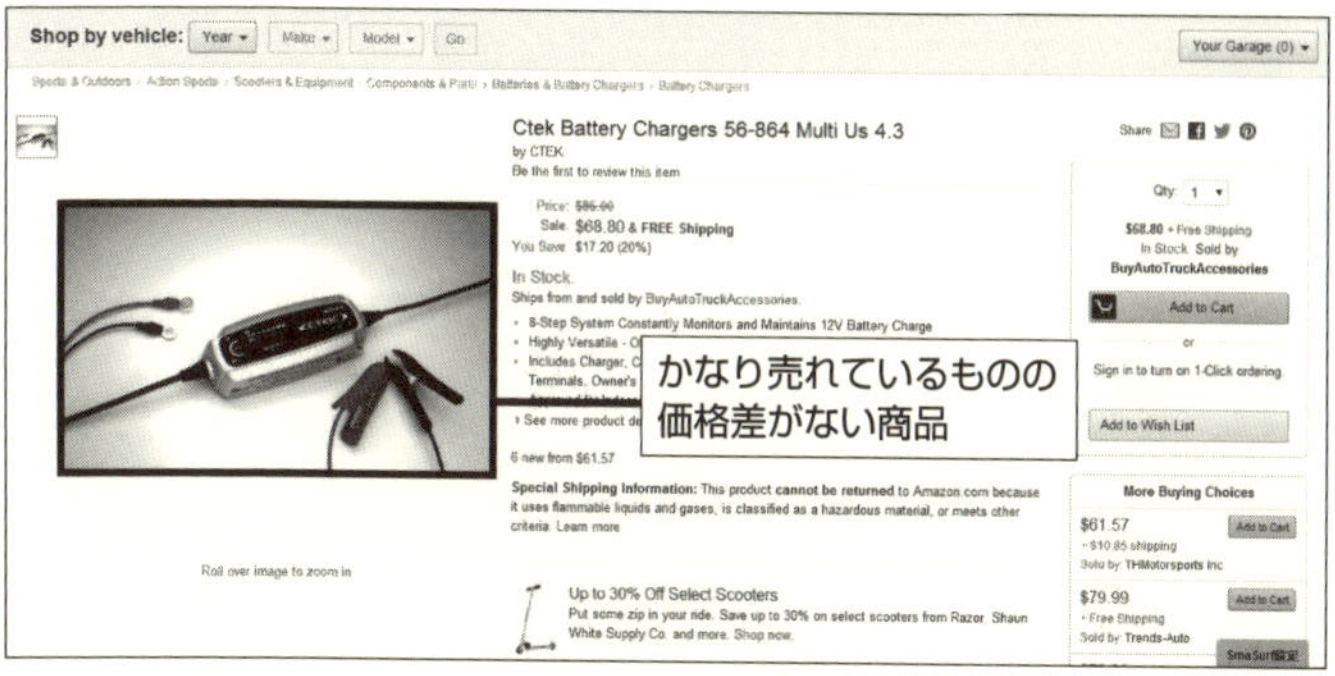

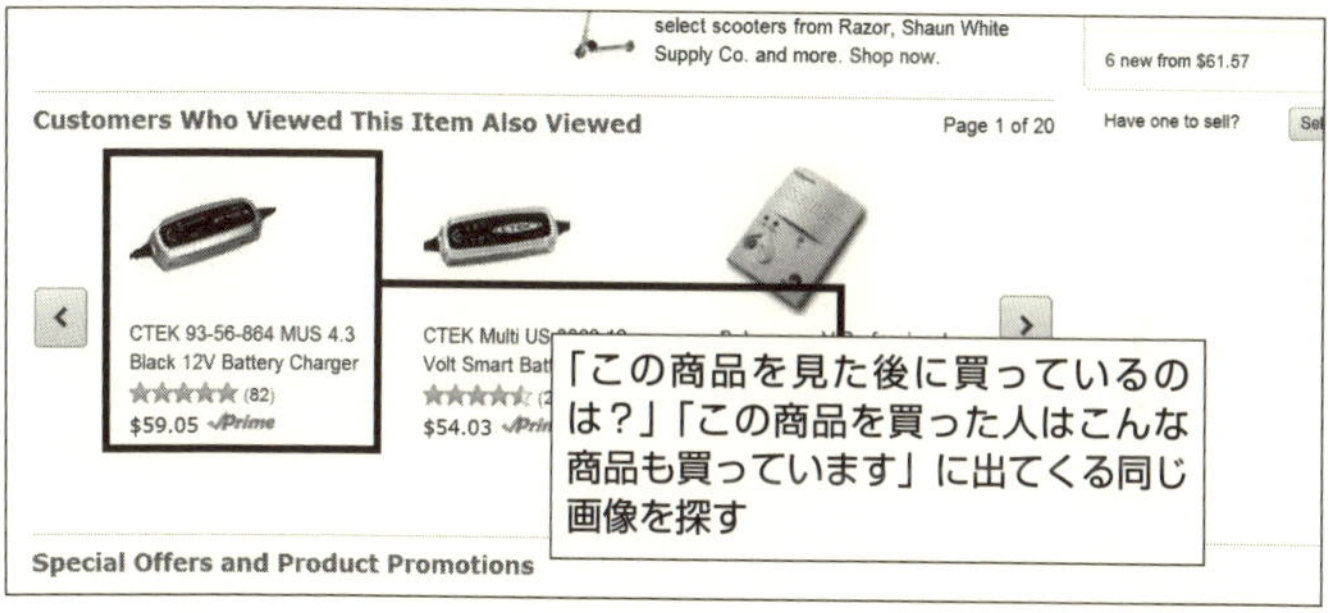

⚠Amazon.com内の周辺リサーチ

日本の**Amazon**で1つの商品に複数のページがあるのと同じように、アメリカの**Amazon**でも商品のページが複数ある場合があります。

SmaSurfを使ってリサーチをしていく中で、一瞬で「価格差がない」とあきらめてしまうことがあると思います。このときに、**かなり売れている商品の場合にかぎり、ほかにも同じ商品のページがないか探してみましょう。**

まずは、その商品のページを下のほうまで見ていきます。日本の**Amazon**でいうところの

「この商品を見た後に買っているのは？」

「この商品を買った人はこんな商品も買っています」


などの欄に「同じ画像」がないかを探していきます。

同じ画像を見つけたら、型番やサイズ等をチェックして「本当に同じものであるか」を入念に確認します。そして、**同じであると判断できれば仕入れを検討してみましょう。**

最近、特によく目にするのが、商品名に「**Japan Import**」などと書かれているパターンです。これは日本の輸出セラーがつくった商品ページの可能性が高いです。そのようなときも、まったく同じ商品がアメリカ**Amazon**の中にある場合があるので探すようにしてみましょう。

「**Japan Import**」を消して検索をかけると同じ商品が見つかることもあるはずです。

⚠違う商品を仕入れないために

「これは売れる！」と思った商品でも、商品自体が違うものであったら元も子もありません。

必ず同じ商品であるかを確認してから仕入れるようにしましょう。

特に注意すべきなのは、あまりにも価格差があった場合です。画像を見比べ、型番なども同じであるかどうかをしっかりと確認してみてください。

迷った際は、日本の商品ページのアドレスをコピーしておき、そのアドレスとともに、セラーに直接「この商品と同じですか？」と質問してみるのもよいでしょう。

また、迷った際の仕入れ個数は「1個」に留めておいたほうがいいです。もしも違う商品であった場合のクレームや返品等のリスクを、ここでも最小限に抑えることを意識してみてください。

■価格差が大きいときは特に注意！

◉ 価格差がある　◉ セラーに質問する　◉ 仕入れ個数は1個にする

⚠売れている商品は「The Camelizer」に登録しておこう！

リサーチをしていく過程で、「売れてはいるけれども現状では利益を取れない……」という商品も、もちろん数多くあります。そんなときに活躍してくれるのが、「**The Camelizer**」です。

ここに「直近の最低価格よりも少し上の価格を入力しておく」習慣をつけておくと、忘れたころにアラートメールが届き、十分に利益を取れる価格で仕入れることができるようになります。

もちろん、その数が多くなればなるほどアラートメールの数も増えていき、利益は右肩上がりになっていくでしょう。次のような考え方をするクセをつけて、売れている商品はぜひ**The Camelizer**にこまめに登録していってみてください。

× 商品リサーチをする⬇利益が出ないからあきらめる
◎ 商品リサーチをする⬇今は利益が取れないけれども後々に利益を出してやろう!

⚠季節によって売れ行きが変わる商品

世の中には無数の商品がありますが、ずっと売れ続けている商品のほかに、季節・時期によって売れ行きが変わってくる商品があります。たとえば、夏によく売れる商品のひとつに輸入品の「水鉄砲」がありますが、夏以外はほとんど売れません。これは普通に考えれば「なぜ売れないか?」

わかりますよね？

ちょっと考えると「この時期には売れなそうだな……」という結論に行き着く商品というものは、実はたくさんあります。

まったく売れないということはないですが、「季節によって大幅に売れ行きが変わってくる商品かどうか」を仕入れる前に一呼吸おいて考えてみましょう。

逆に、その季節・時期によってピンポイントで売れる商品を予測してみるというのも面白いですね。これは利益とは別に「楽しさ」の問題になってしまいますが、自分が「これは売れそう！」と予測して仕入れた商品が売れたときはこのうえない快感だと思います。

季節や時期に売れ行きが左右されない商品をたくさん持ち、なおかつ、そのような思考を働かせることによってシーズンの売上を大幅に飛躍させることもできます。ぜひみなさんの販売戦略に取り入れてみてください。

⑳ ライバルに差をつける「リサーチの発展」

☑	**売れている商品の周辺を探す**	いい商品の「まわり」にはほかにもいい商品がある可能性が高い。売れている商品の「周辺」にも売れている商品があるということを常に頭に入れておき、芋づる式にいい商品を見つける
☑	**色違いサイズ違い**	売れている商品に複数の色やサイズがある場合はそれらも売れる可能性が高い。いい商を見つけたらそれ１つで終わらないこと
☑	**最適なページに出品**	まったく同じ商品でも商品ページが複数になっていることがあり、その中でも「並行輸入」と書かれているページと、そうでない場合がある。価格、競合出品者の数、ランキング、プライスチェックを吟味して、より良い条件のほうを選ぶ

STEP 19 ステータスα ステージ② リピート仕入れ

⚠ ステップ① 一度売った商品は繰り返し売っていく

私は商品とは一期一会であってはならないと考えています。というのも、一度利益が取れた商品に関しては、たとえ一時的に価格が崩壊しても、またいずれ利益が取れるようになることが多々あるからです。実際、結果を出している多くの実践者は、利益の大半がリピート仕入れによるものです。**自分が一度仕入れた商品に関しては「永遠に売っていく」くらいの気持ちでいてもいいと思います。**

新規リサーチが大切なのは間違いないですが、すでに売ったことのある商品を改めて仕入れて売るということも絶対に忘れないでください。

ステップ❷ 販売相場の把握

商品を一度セラーセントラルに登録すると、以後の販売相場の把握が簡単になります。まずは「在庫管理画面」の「設定」から「カートボックス価格」を表示できるようにしておきましょう。

「カートボックス価格」を「利用可能時に表示」にして保存をします。

その状態で在庫管理画面を上から見ていき、在庫がゼロのものの中で、「自分が販売した価格をカートボックス価格が上回っているもの」を中心にチェックしていきます。

商品価格（販売相場）は常に変動しているので、価格が上がったタイミングで再び仕入れるかどうか

■「カートボックス価格」を「利用可能時に表示」にして保存

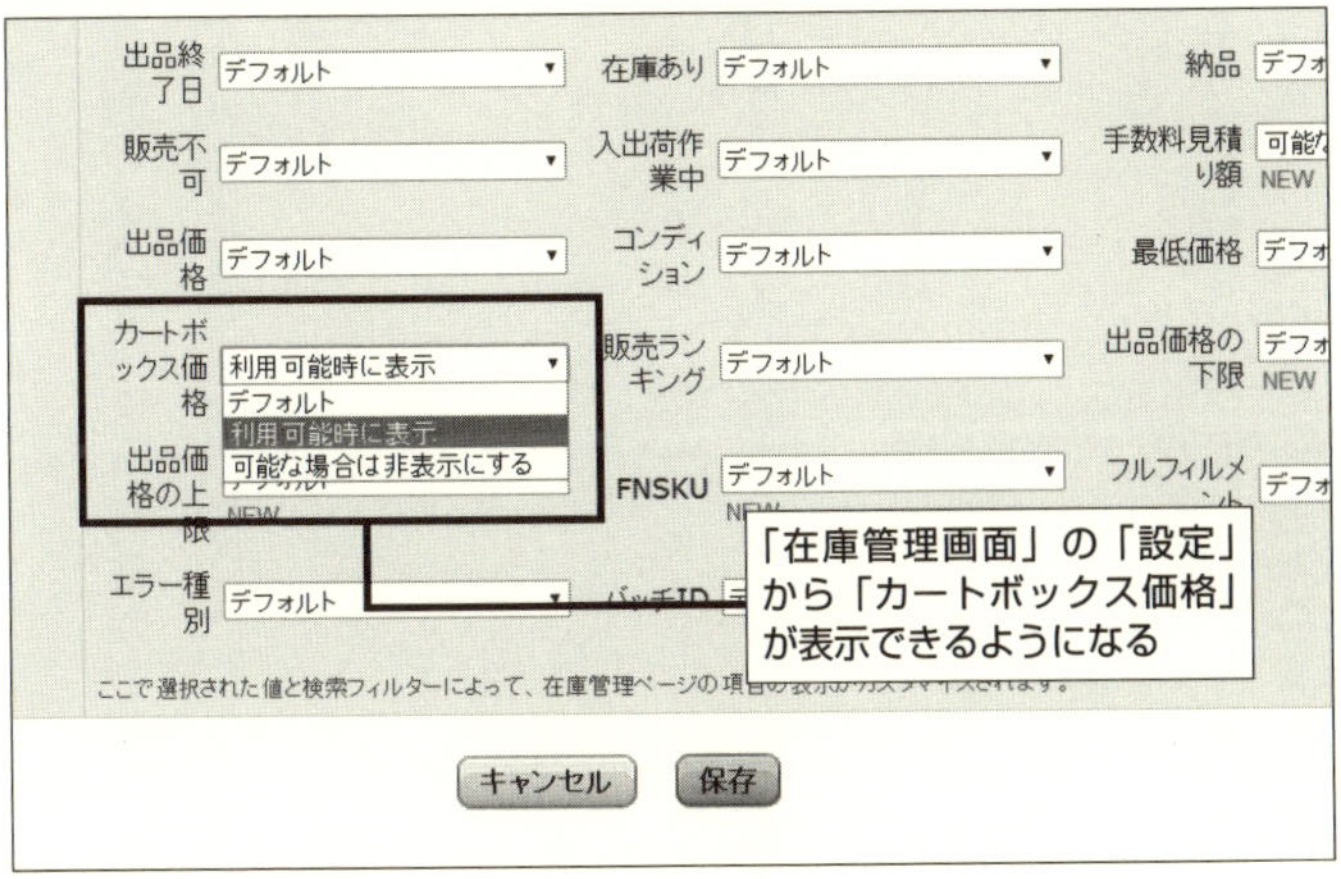

を判断しましょう。
何度も書いていますが、**商品の種類を増やせば増やすほど前記のようなカート価格が上がっている商品の数が増えていきます。それに伴い、リピート仕入れの数ももちろん増えていくので、まずはやはり「商品の種類」を増やすことに注力してみてください。**

ステップ③ リピート仕入れの個数

「商品を何個仕入れるべきか」という問題に答えはありません。はじめは1個だけ仕入れてみて、売れたら3個、5個などと増やしていってもいいのですが、**リピート仕入れでも「1個しか仕入れない」という考えでも、もちろん大丈夫です。**

売れてから仕入れる⬇また売れてから仕入れる

こうした行為は一見効率が悪いようにも思えますが、「商品が売れ残るリスク」よりは安全であることに間違いありません。大量に仕入れたときに価格が崩壊してしまった場合などは、仕入れた商品がすべて赤字になってしまう可能性もあります。やはりその都度適正な個数、もしくは最小限の個数に留めておくことは、資金を回していくという点でもリスクを排除するという点でも正しいといえます。

毎回1～2カ月など、あくまでも短期間で売り切れる個数を仕入れるということを意識してリピート仕入れを行ってみてください。

⚠日米Amazonセラーの在庫数確認方法

Amazonで販売を行っているセラーの商品ごとの在庫数を確認することもできます。やり方は日本もアメリカも同じです。

まず、商品のセラー一覧のページから「カートに入れる」をクリックし、さらにカートボタンをクリックしてみましょう。

ここで、その商品の数量を変更できるので、「10＋」を選び、「９９９」など多めの数字を入力してみます。ほとんどの場合は、９９９個も在庫はないはずなのでその時点でのセラーの在庫数が表示されます。このしくみはアメリカも同じです。

「10+」で商品の数を直接入力する

「999」など、多めの数字を入力してみる

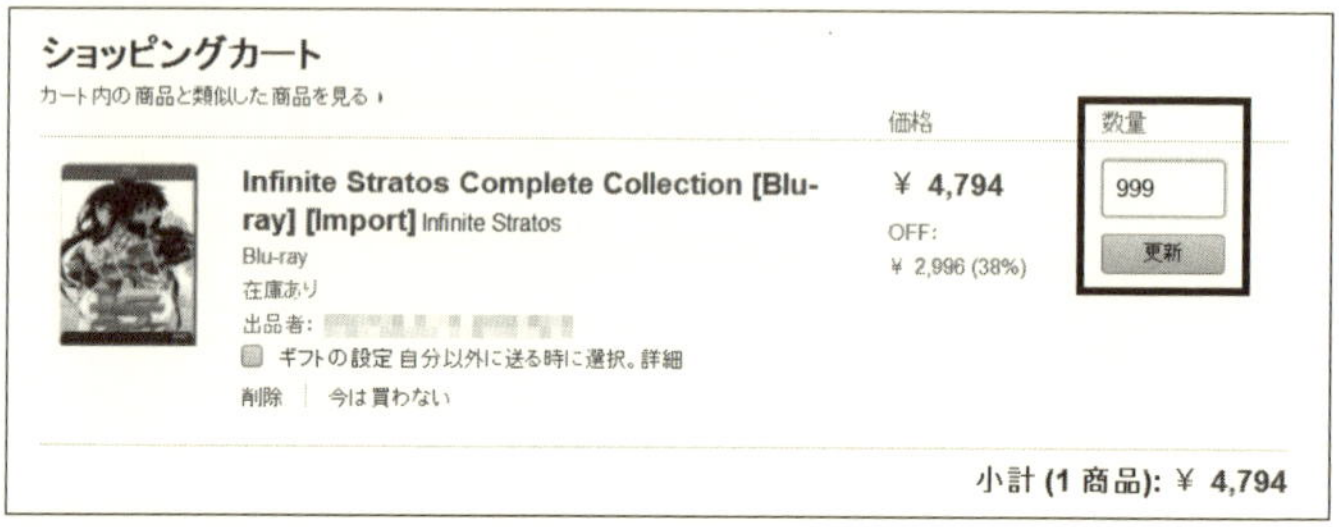

自分が参入していく余地はあるな」などと判断

☑ 複数の競合セラーの在庫数を把握する方法

また、たとえばリサーチした商品にＦＢＡセラーが３人いた場合です。１人のセラーの商品をカートに入れたあとにブラウザの戻るを1回押してセラー一覧のページに戻り、３人ともカートに入れて在庫数の合計を確認することもできます。

ここでもし月に10回ほど売れていそうな商品の在庫が３人あわせて５個くらいしかなかった場合などに「自分が参入していく余地はあるな」などと判断していくことができるわけです。

⚠ 意図的に仕入れ相場を上げる

たとえば、ある商品がアメリカのAmazonで次のよ

■ 競合セラーの在庫数をまとめて把握する

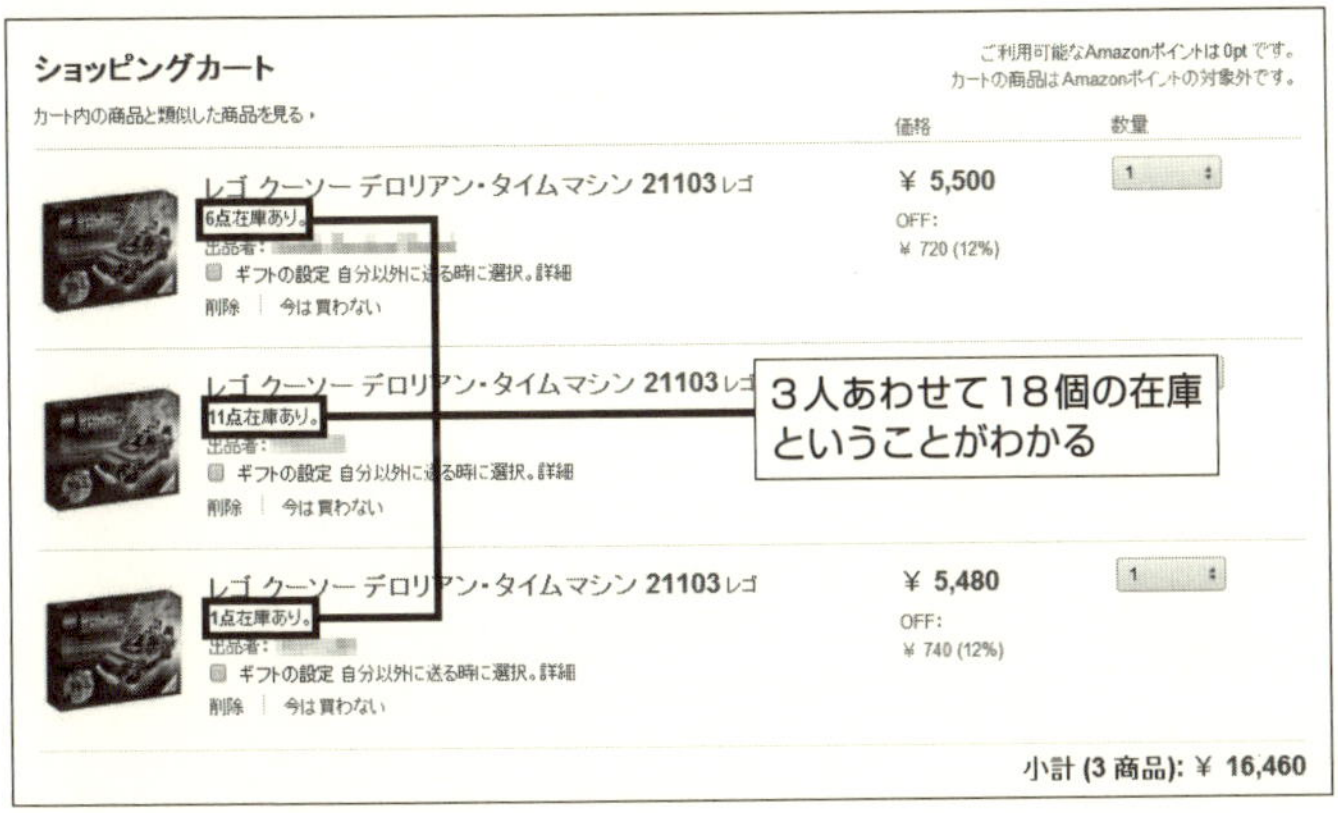

うな価格で売られているとします。

◉セラーA：20ドル
◉セラーB：21ドル
◉セラーC：50ドル

そのようなときに、とりあえずAとBの商品をカートに入れ、在庫が合計いくつあるかを確認してみましょう。

そしてその合計が、自分が仕入れてもいいかなという個数よりちょっと多かった場合でも買い占めてしまうことで、自分が仕入れたあとの最低価格は50ドルになり、そのあとに仕入れを検討するセラーは躊躇せざるをえないことになります。

もちろん、また49ドル、48ドルと価格が下がっていくことも十分考えられますが、私の体感上、また一気に相場が下がることは少ないです。

そして、先程の例では念のため「**The Camelizer**」で22ドルでアラートをかけておき、再び安値で出品するセラーが現れたときにも対応できるようにしておきます。個数次第では再び買い占めを行ってみてもよいでしょう。

このようなやり方はAmazonだけでなく、eBayやネットショップでも応用可能です。

私の友人はeBayに安値で出品していたセラーに対して「在庫はすべて自分が買うから、もうeBayでは出品しないでほしい」と交渉をして直接取引に成功し、今ではその商品をほぼ独壇場で販売しています。

このような、あまり人がやらないことを積極的に行うことで競合セラーと差別化を図ることができるのはいうまでもありません。

■ 21 リピート仕入れ

☑	**商品は繰り返し売る**	一度利益が取れた商品は、たとえ一時的に価格が崩壊しても、またいずれ利益が取れるようになることが多々ある。自分が一度仕入れた商品に関しては「永遠に売っていく」くらいの気持ちでいい。すでに売ったことのある商品を改めて仕入れて売るということも絶対に忘れないこと
☑	**販売相場の把握**	商品を一度セラーセントラルに登録すると、以後の販売相場の把握が簡単になる。「在庫管理画面」の「設定」から「カートボックス価格」を表示できるようにし「カートボックス価格」を「利用可能時に表示」にして保存。その状態で在庫管理画面を上から見ていき、在庫がゼロのものの中で、「自分が販売した価格をカートボックス価格が上回っているもの」を中心にチェックする。商品価格（販売相場）は常に変動しているので、価格が上がったタイミングで再び仕入れるかどうかを判断していく
☑	**リピート仕入れの個数**	はじめは1個だけ仕入れてみて、売れたら3個、5個と増やしていってもいいのだが、リピート仕入れでも「1個しか仕入れない」という考えでも問題ない。毎回1～2カ月など、あくまでも短期間で売り切れる個数を仕入れるということを意識してリピート仕入れをする

STEP 20 ステータスα ステージ③ 仕入先を拡大する

商品リサーチから仕入先リサーチへ

Amazon輸入を実践するうえで、まずはセラーを探し、それから商品を探してくださいということは STEP 02（27ページ参照）で説明してきました。そして、それに沿ったことをここまで説明してきました。それでは、次は何を探すべきなのでしょうか？

何度も同じ商品を販売していると「この商品、もっと安く仕入れられないかな……」などと感じるようになっていきます。それが普通の感覚ですが、それを実際に行動に移す人というのは意外と少ないです。この STEP 20 では「Amazon.com以外の仕入先」について、その考え方と、実際にどのように探していくべきかということについて説明をしていきます。

ステップ❶「eBay」を利用しよう

まずは、「eBay」についてです。

eBayをWikipediaで検索してみると次のように書いてあります。

eBay Inc.（イーベイ）は、インターネット通信販売やオークションを手がけるアメリカの会社である。インターネットオークションでは世界最多の利用者を誇る。

世界最大のオークションサイトとして知られるeBayですが、「オークション」だけでなく、普通のネットショッピングも行っていて、どちらからも仕入れをすることが可能です。ここで仮にアメリカのAmazonよりも商品を安く仕入れることができれば、ほかのセラーよりも優位に販売ができるようになるわけです。

オークションに入札するという方法もありますが、ヤフオク！などと同じように入札などは手間がかかるという人を想定し、本書では通常のネットショッピングに絞って解説をしていきたいと思います。

☑「PayPal」とは?

eBayにアカウントを持つ際に「**PayPal**」のアカウントも必要になってきます。**PayPal**は世界最大の決済代行サービスのことです。ここに自分のクレジットカードを登録しておくことで、**eBay**セラーなど取引をする相手にカード情報を伝えることなく決済をすることが可能となります。アメリカの**Amazon**や**eBay**と登録方法はほぼ同じなので、英語にひるむことなく登録をしていきましょう。

　登録が完了したら、その**PayPal**のアカウントを今度は**eBay**のアカウントに登録します。

「**My ebay**」➡「**Account**」➡「**PayPal Account**」➡「**Link My PayPal Account**」と進んでいき、**PayPal**に登録ずみのメールアドレスとパスワードを入力して、最後に「**Link Your Account**」をクリックしましょう。

■ eBayとPayPalを紐づける

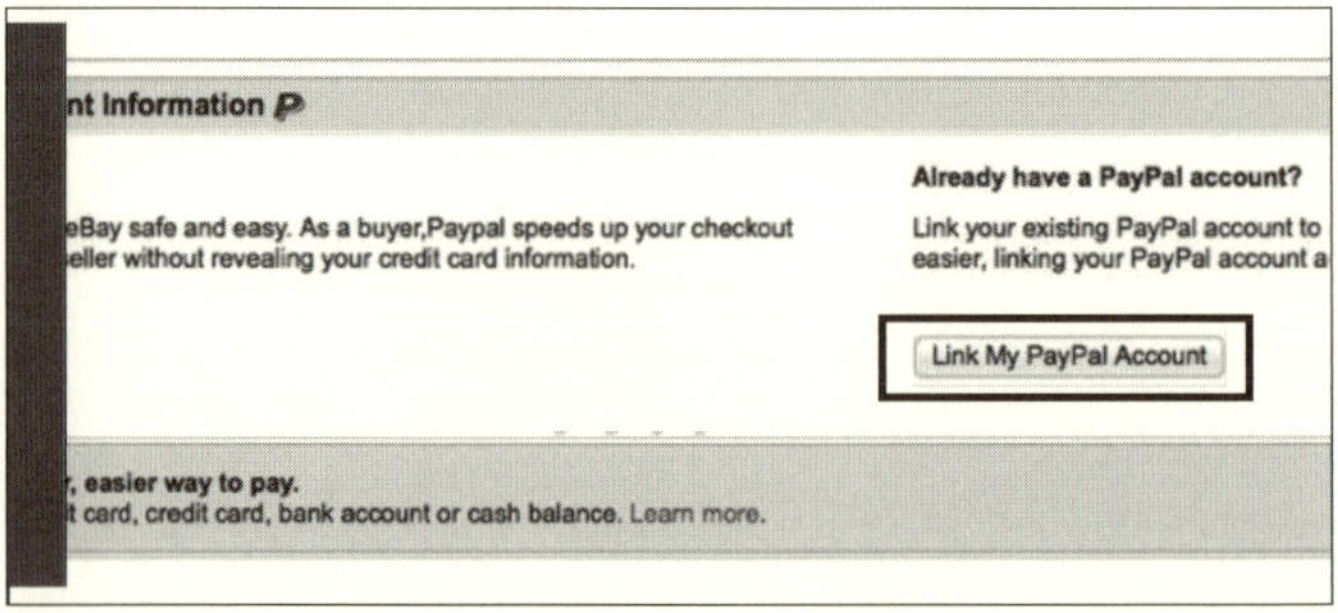

これでアメリカの**Amazon**だけだなく、**eBay**からも仕入れができる状態になりました。

☑ まずは、新品か中古かを確認しよう

eBayから仕入れるといっても、ただ「安いから」という理由で飛びついてはいけません。

みなさんは基本的には「新品」を扱うことになるので、まずは商品のコンディションを確認しましょう。

「**New**」「**Used**」などとありますが、「**New**」となっているかを確認してください。

「New Other」となっている商品は、開封されていたり、外箱が傷んでいる状態である場合があるので極力仕入れは避けてください。

☑ 注意すべきeBayセラー

自分が仕入れたい商品を出品しているセラーがたくさんいた

■ eBayのUsed商品

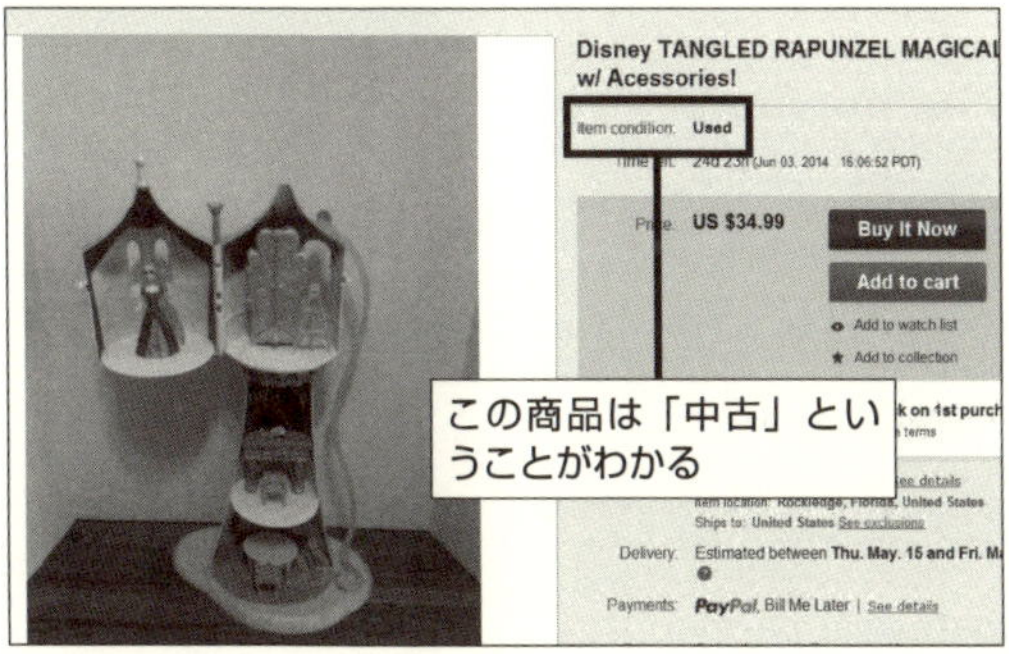

場合、やはり「誰から仕入れるか」も重要なポイントになってきます。そのときに、中国や香港のセラーなどはできるだけ避けて、アメリカ国内から発送してくれるセラーを優先してください。

高い評価の割合が95パーセントを下回っているセラーも要注意です。

「価格が安いかどうか」だけを見ず、「しっかりとした品質の商品が、素早く発送されるかどうか」を常に意識して、セラー探しを行ってみてください。

⚠「eBay Bucks」でのキャッシュバック

eBayで仕入れをする際、登録しておいたほうが絶対にいいものとして「**eBay Bucks**」が挙げられます。これは、**eBay**で商品を購入した金額の「2パーセントをキャッシュバックしますよ」というものです。3カ月に1回、最大500ドルまでがキャッシュバックされます。キャッシュバックといっても、そ

■ eBay Bucks

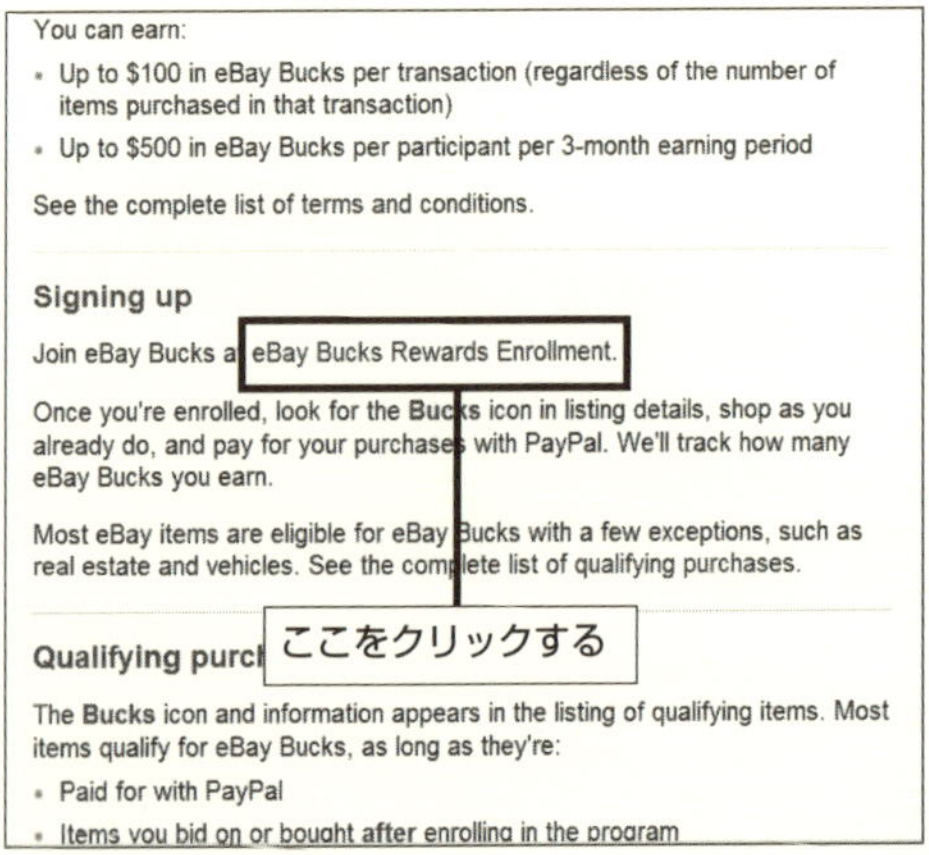

You can earn:
• Up to $100 in eBay Bucks per transaction (regardless of the number of items purchased in that transaction)
• Up to $500 in eBay Bucks per participant per 3-month earning period
See the complete list of terms and conditions.
Signing up
Join eBay Bucks at eBay Bucks Rewards Enrollment.
Once you're enrolled, look for the Bucks icon in listing details, shop as you already do, and pay for your purchases with PayPal. We'll track how many eBay Bucks you earn.
Most eBay items are eligible for eBay Bucks with a few exceptions, such as real estate and vehicles. See the complete list of qualifying purchases.
Qualifying purc
ここをクリックする
The Bucks icon and information appears in the listing of qualifying items. Most items qualify for eBay Bucks, as long as they're:
• Paid for with PayPal
• Items you bid on or bought after enrolling in the program

の金額はまたeBayで使うことしかできないのですが、登録しないデメリットは何もないので、必ず登録しておきましょう。

登録できるのはアメリカの住所だけなのですが、ここに転送業者の住所を入力することで、問題なくキャッシュバックを受けることができます。

http://pages.ebay.com/help/buy/ebay-bucks.html

こちらのサイトの中の「**eBay Bucks Rewards Enrollment**」をクリックしてください。ページが移ったら「**I agree start earning**」をクリックするだけです。これで登録は完了しました。1月、4月、7月、10月にキャッシュバックを受けられるので、その金額をまた仕入れに回してみてください。

⚠eBayセラーとの直接取引

アメリカのAmazonで仕入れを行った場合、セラーと直接交渉をすることはできません。しかし、eBayで商品を仕入れるとPayPalから決済完了メールが送られてくるのですが、そこにセラーのメールアドレスが載っており、直接メールを送ることができてしまいます。

つまり**Amazon**というプラットフォームとは違い、**eBay**では、プラットフォームの外で取引ができる可能性が生まれます。そして**セラーに直接、交渉のメールを送ることにより、商品を安く仕入れることができたりします。**

もちろんすべてのセラーが取引に応じてくれるわけではありません。返事すらないということは日常茶飯事なので、そこは「数を撃って当てる」しかありません。

☑eBayセラーに送る文面案

では具体的には、どのようなメールを送ればいいのでしょうか？　要点だけまとめてみたので参考にしてみてください。

■eBayセラーに直接交渉するときの文面

- ◉日本で物販をしています。
- ◉今回の取引で御社（セラー）にとても好感が持てました。
- ◉今後も取引させていただきたいです。
- ◉継続して御社から購入し、ある程度の「数」を買うので安くしてもらえませんか？

などが挙げられると思います。
もちろんセラーとしても、たとえば**eBay**に手数料を取られるよりも、直接売ったほうがいいと考えることもあるはずです。

ここで大切なのは「自分もあなたも得する」ということを猛烈にアピールすることです。やって損はないので、ぜひともオリジナルのテンプレートを作成してチャレンジしてみてください。「**eBay**で仕入れる」ことを「直接取引に持ちこむため」と捉えることができれば、あなたのビジネスは飛躍的に進化することでしょう。

☑ PayPal上でのeBayセラーのメールアドレス取得

eBayセラーとの直接交渉をするために欠かせない「セラーのメールアドレス」がどこに記載されているかを簡単に説明していきます。

PayPalの「マイアカウント」の中に「取引履歴」という項目があるので、そこをクリックします。そこに自分が**eBay**で仕入れをしたセラーが表示されているので「詳細」をクリックすると、「売り手のメールア

■ eBayのセラーのメールアドレス

ドレス」というところに、そのセラーのアドレスが記載されています。

そのアドレスこそが、eBayというプラットフォームから出て、セラーと直接交渉をするための扉となるわけです。

ステップ❷ Google Shoppingでネットショップを探す

☑王道は「Google Shopping」

eBayのほかに安く仕入れることのできる可能性のある選択肢として「ネットショップ」があります。それでは、売れている商品を見つけたときに、その商品を扱っているショップをどのように探すのがいいでしょうか？

多くの実践者が使っている王道のリサーチ方法として**「Google Shopping」**があります。

■ **Google Shopping**（http://www.google.com/shopping）

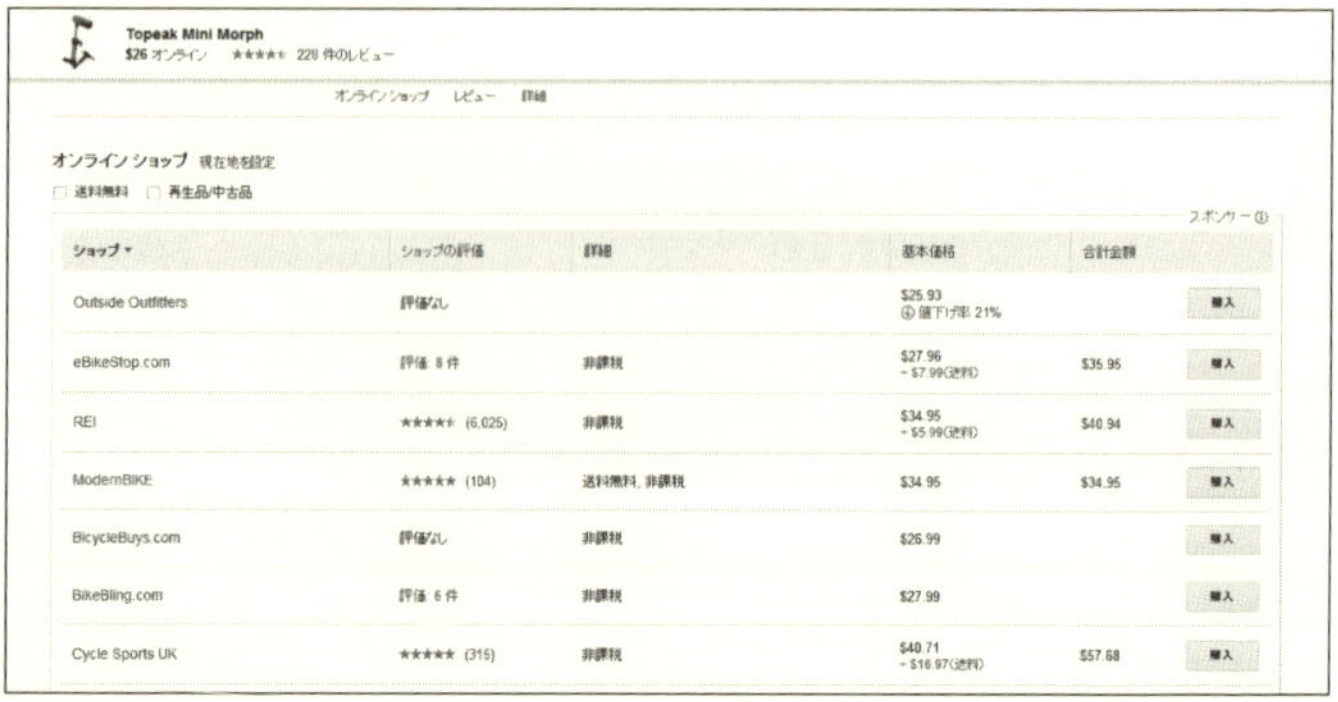

Topeak Mini Morph
$26 オンライン ★★★★★ 228 件のレビュー

オンライン ショップ　レビュー　詳細

オンライン ショップ　現在地を設定
□ 送料無料　□ 再生品/中古品

スポンサー ⓘ

ショップ ▾	ショップの評価	詳細	基本価格	合計金額	
Outside Outfitters	評価なし		$25.93 Ⓢ 値下げ率 21%		購入
eBikeStop.com	評価 8 件	非課税	$27.96 + $7.99(送料)	$35.95	購入
REI	★★★★★ (6,025)	非課税	$34.95 + $5.99(送料)	$40.94	購入
ModernBIKE	★★★★★ (104)	送料無料, 非課税	$34.95	$34.95	購入
BicycleBuys.com	評価なし	非課税	$26.99		購入
BikeBling.com	評価 6 件	非課税	$27.99		購入
Cycle Sports UK	★★★★★ (315)	非課税	$40.71 + $16.97(送料)	$57.68	購入

まず、検索窓に探したい商品名を入力します。するとその商品や、その商品を扱っているショップ数、その商品の最安値などが表示されます。

あまりにも安い場合は疑ってかかることも大切です。ショップの評価なども見られるので、それも参考にしてみましょう。

たいていのショップはショッピングカートもあり、そこから決済ページへと進んでいくという流れは、**Amazon**や**eBay**などと同じです。

大切なのは、「PayPalに対応しているかどうか」です。 **Paypal**が間に入っていると、たとえ取引に問題があった場合でも「お金」は保障されるので、リスクを極限まで抑えることができます。**PayPal**に対応していないショップであれば、まずは何か商品を1つ買ってみて何日くらいで商品が届くか、また商品の品質に問題はないかをチェックしてからそのあとの仕入れを考えるようにしましょう。

⚠ Amazonセラー名でGoogle検索してみよう

「**Google Shopping**」でネットショップを探す方法のほかに、「アメリカの**Amazon**に出品しているセラー名で検索をかける」というものがあります。

アメリカの**Amazon**のセラー一覧のページでかなり評価が高く、またある程度安い価格で出品をしているセラーがいた場合、試しに**Google**でそのセラーの名前でそのまま検索をしてみましょう。

ネットショップと**Amazon**で併売をしているセラーの場合、まったく同じショップ名であることが非常に多いものです。

そして**Amazon**で販売をすると手数料が取られるため、自分のショップのほうが安い価格で出品しているというケースが実はかなりあります。

一度考えてみてください。

Amazonで50ドルの値段で販売して10ドルを手数料で取られるよりも、自分のショップで45ドルで販売したほうがいいですよね？

そのような理由もあり、ネットショップのほうが安いという現象が起こるわけです。

また、**ネットショップに関しても「直接交渉」の余地は間違いなくあります。**

たいていの場合は問いあわせ先として「**Contact Us**」などのボタンが設けられているので、

そこから交渉をしてみるというのも1つの手だということを覚えておいてください。

「takewari」と「Amazon 世界価格比較ツール」

ある1つの商品が、全世界のAmazonでいくらで売られているかが一目でわかったらすごいと思いませんか？

それを実現しているサイトが「takewari」（http://www.takewari.com/）というものです。

このページの検索窓に、Amazon固有の商品コードである「ASINコード」を入力すると、日本を含む世界9カ国のAmazonの最安値が表示されます（同じASINコードで登録されていない場合は表示されません）。

また、表示されている価格は、その国のFBA価格であった

■ takewari

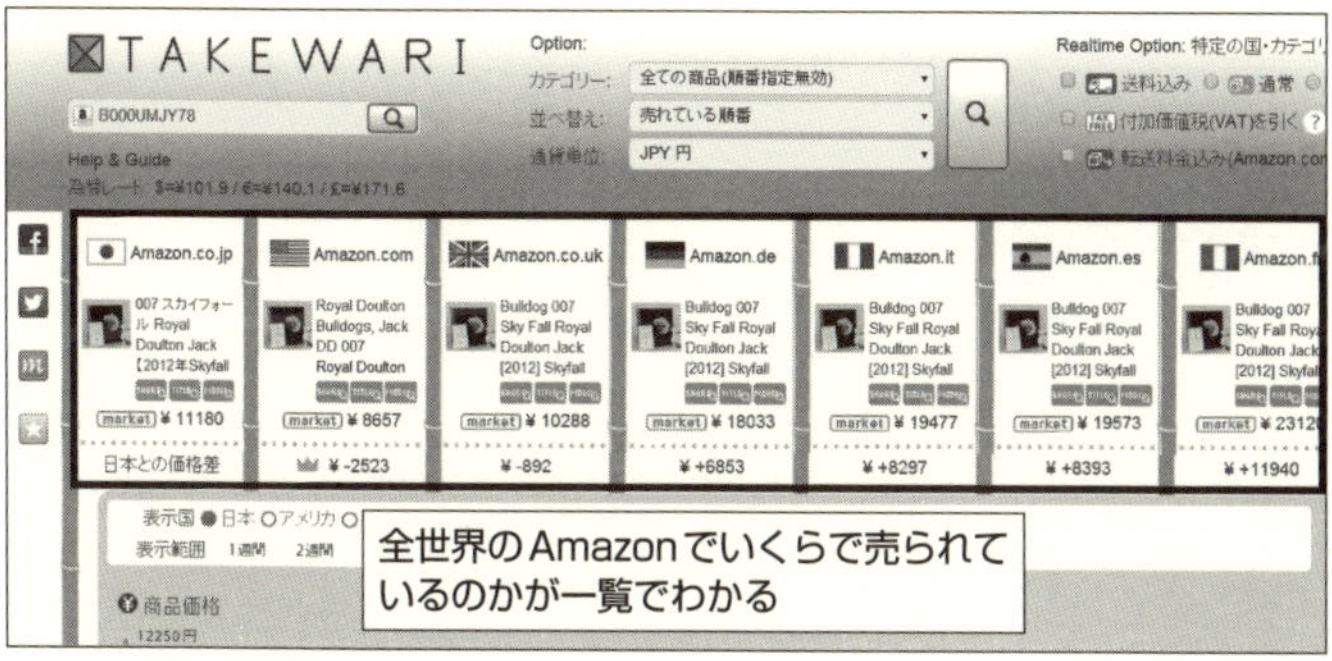

りすることもあるので、**takewari**から、その国の商品ページに直接飛んでみるのがより確実です。**takewari**は、以前は**Google Chrome**の拡張機能にありましたが、現在はありません。

同じような拡張機能に「**Amazon** 世界価格比較ツール」というものがあります。この拡張機能を入れると、日本の商品ページを開いているとき、自動的に全世界の**Amazon**の価格が表示されるので非常に便利です。

ステップ❸ ヨーロッパ仕入れも視野に入れる

「**takewari**」そして「**Amazon** 世界価格比較ツール」などを使ってみると、アメリカより安く仕入れることができる商品が見つかってきます。このようなときに、

■ Amazon 世界価格比較ツール

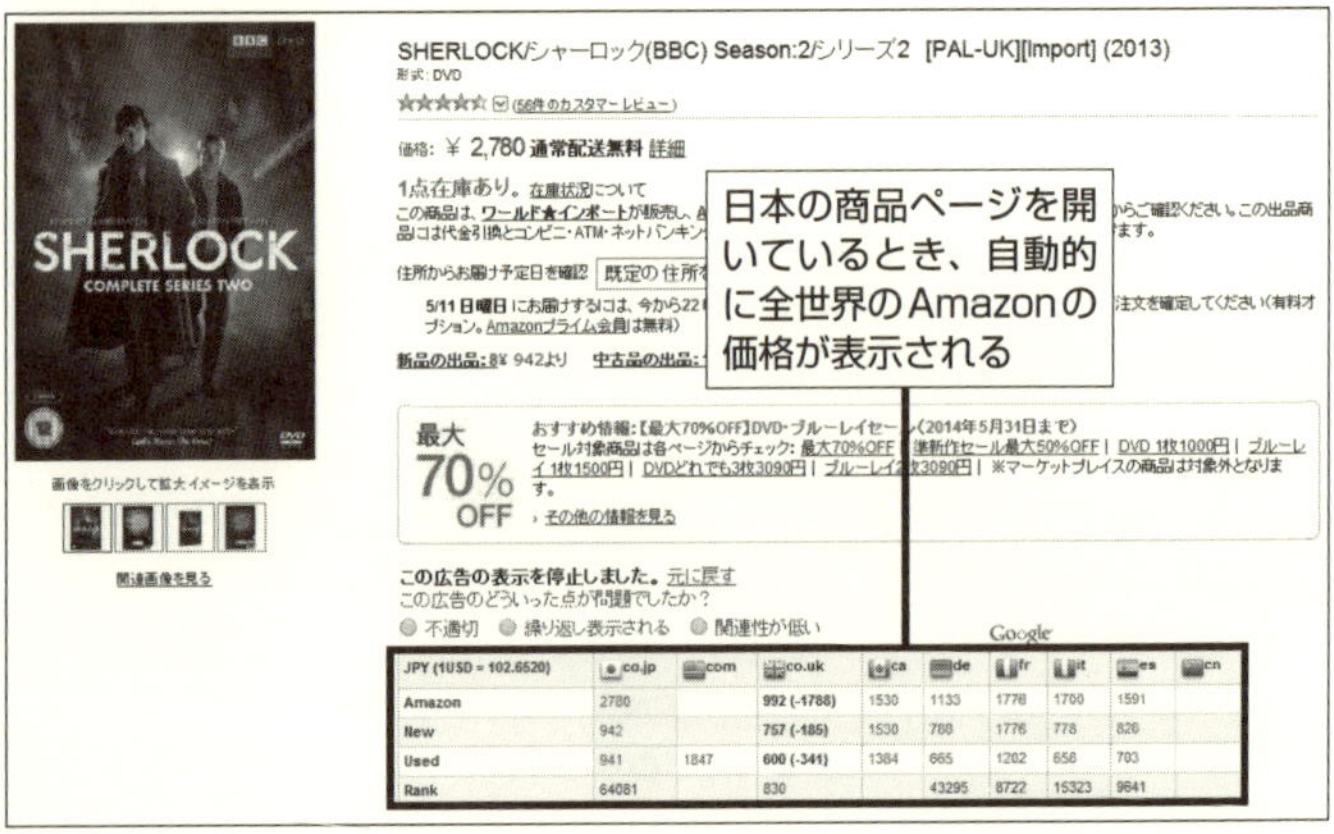

「ヨーロッパ」なども仕入先として検討してみるとビジネスを大きく飛躍させる可能性が出てきます。

ただし、アメリカのMyUSのような「転送業者」を使うと「VAT」と呼ばれる付加価値税がついてしまうので、**基本的には商品は日本に直送したほうがいいでしょう。**

商品を日本に直送してくれるかどうかは、それぞれのセラーによって違います。

たとえば、フランスでは次のような表示になります。

◉国内発送のみ ⬇「Tarifs d'expedition nationale」
◉海外発送も可 ⬇「Tarifs d'expedition internationale et nationale」

送料込みでいくらになるかは、決済直前のページまでいってみるのが確実です。

このように、基本的にAmazon輸入では「どこの国からでも」仕入れをすることが可能であり、少しずつ仕入先を開拓していくことで、もちろん右肩上がりに利益は増えていきます。

まずは「アメリカからの輸入」で基本をマスターし、さまざまな国からの仕入れを応用編と考えてビジネスの幅を拡げていってみてください。

フランスの例

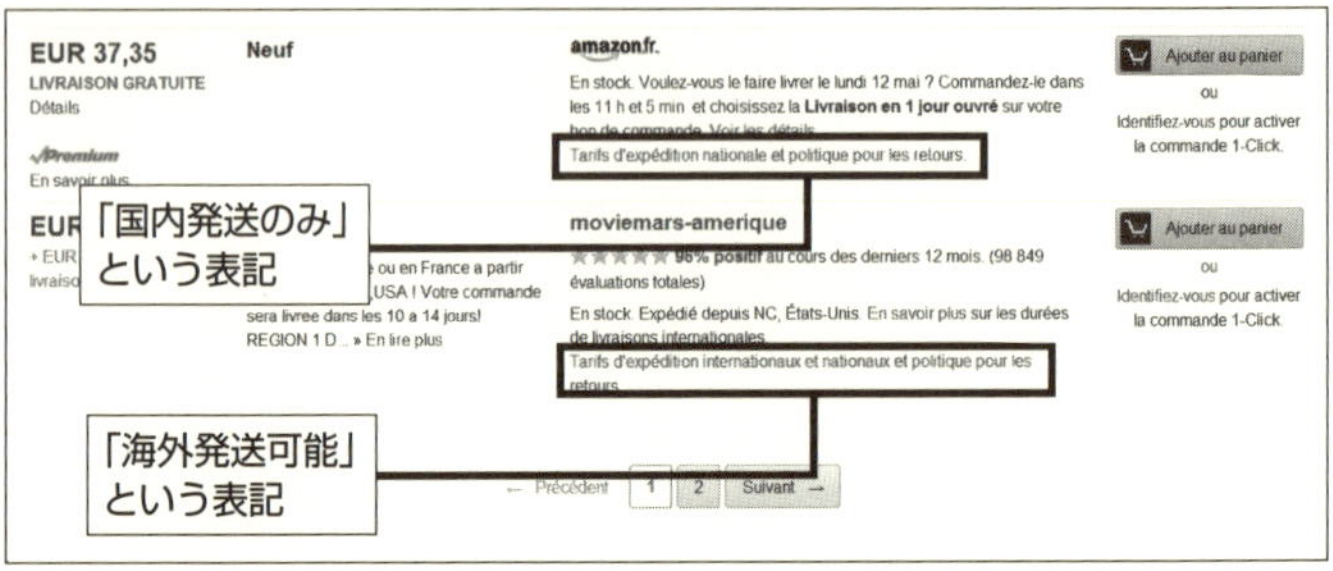

決済直前のページまでいってみる

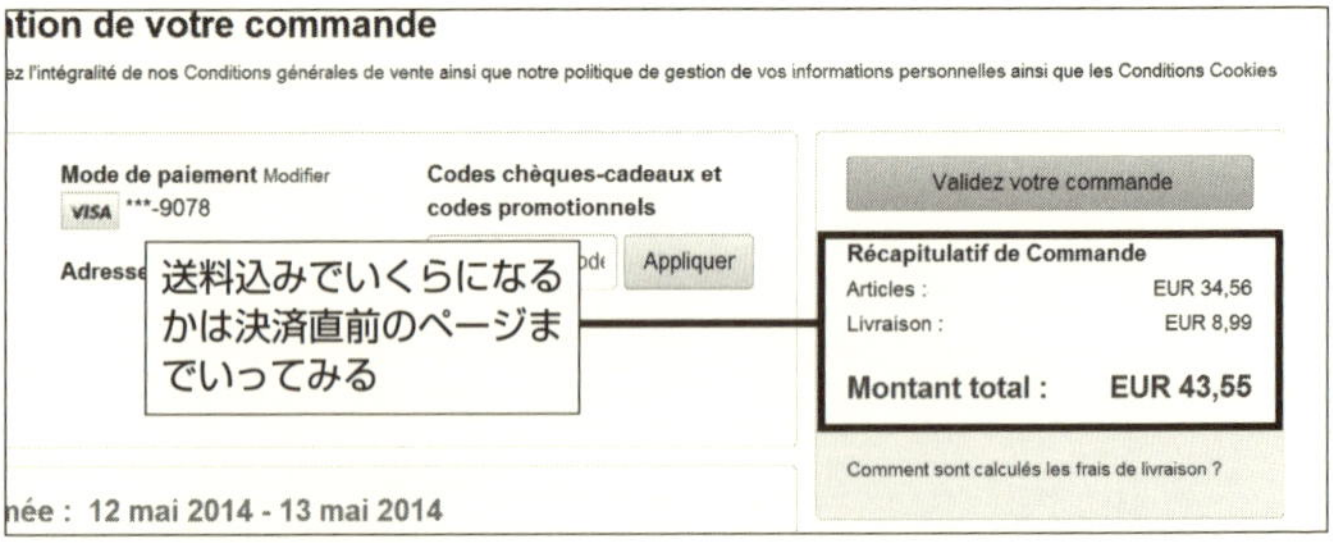

22 仕入れ先を拡大する

☑	「eBay」を利用する	世界最大のオークションサイトeBayは「オークション」だけでなく、普通のネットショッピングも行っておりどちらからも仕入れをすることが可能。ここで仮にアメリカのAmazonよりも商品を安く仕入れることができれば、ほかのセラーよりも優位に販売ができるようになる
☑	Google Shopping	Google Shoppingの検索窓に探したい商品名を入力。その商品や扱っているショップ数、最安値などが表示される。あまりに安い場合は疑ってかかることも大切。ショップ評価も見られるので参考にする
☑	PayPalに対応しているか	PayPalが間に入っていると取引に問題があっても「お金」は保障される。対応していないショップであれば、まずは何か商品を1つ買ってみて何日くらいで商品が届くか、商品の品質に問題はないかをチェックしてみる
☑	ヨーロッパ仕入れ	基本的にAmazon輸入では「どこの国からでも」仕入れをすることが可能。少しずつ仕入先を開拓していくことで、右肩上がりに利益は増えていく

STEP 21 カテゴリー申請

出品申請が必要なカテゴリー

8つのカテゴリー

Amazonでは、出品者としての登録がすんでいる初期の状態では、出品できるカテゴリー（ジャンル）はかぎられています。

この状態は「天井値が低い」ともいえるので、出品できるカテゴリーは増やしておいたほうがいいのは間違いありません。

そこで必要となるのが「カテゴリー申請」です。私たちが申請をしないと出品できないのは、以下の8つのカテゴリーです。

■ **申請が必要な8つのカテゴリー**

◉ **コスメ** ◉ **服&ファッション小物** ◉ **食品&飲料** ◉ **ヘルス&ビューティー**
◉ **ジュエリー** ◉ **ペット用品** ◉ **シューズ&バッグ** ◉ **時計**

この中で「コスメ」は並行輸入品の出品が禁止されており、また「食品&飲料」は輸入すること自体に制約があるので、まずは残りの6つのカテゴリーに関して出品申請をしてみましょう。

⚠ カテゴリー申請の具体的手順

☑ 商品画像が必要

まず、どのカテゴリーに申請する場合も、商品の「画像」が必要になってきます。その画像を取得するところからはじめましょう。

たとえば「時計」の申請をする場合、日本の**Amazon**のカテゴリーを「腕時計」にしてから検索窓に「並行輸入品」と入力してみます。ここで出てきた商品群の中から、並行輸入品と書かれている商品を選び、商品画像を右クリックするなどして画像を保存しておきます。

このときに「商品自体が写っていて背景が白の画像」「そこまで有名でないブランド」の2点を満たしているものを選ぶのがポイントです。あまりにも有名すぎるブランドだと、さらに特別な申請が必要になってくるからです。

画像を用意したうえで、セラーセントラル右上の「ヘルプ」➡右下の「テクニカルサポートにお問い合わせ」と進んでいきます。そして「在庫と商品情報」をクリック➡「特定の商品の出品許可について」➡申請するカテゴリーを選びます。

さまざまな質問をされますが、一度エラーが出ても何度でもやり直せます。画像の要件はすべて「はい」を選

■ 申請するカテゴリー

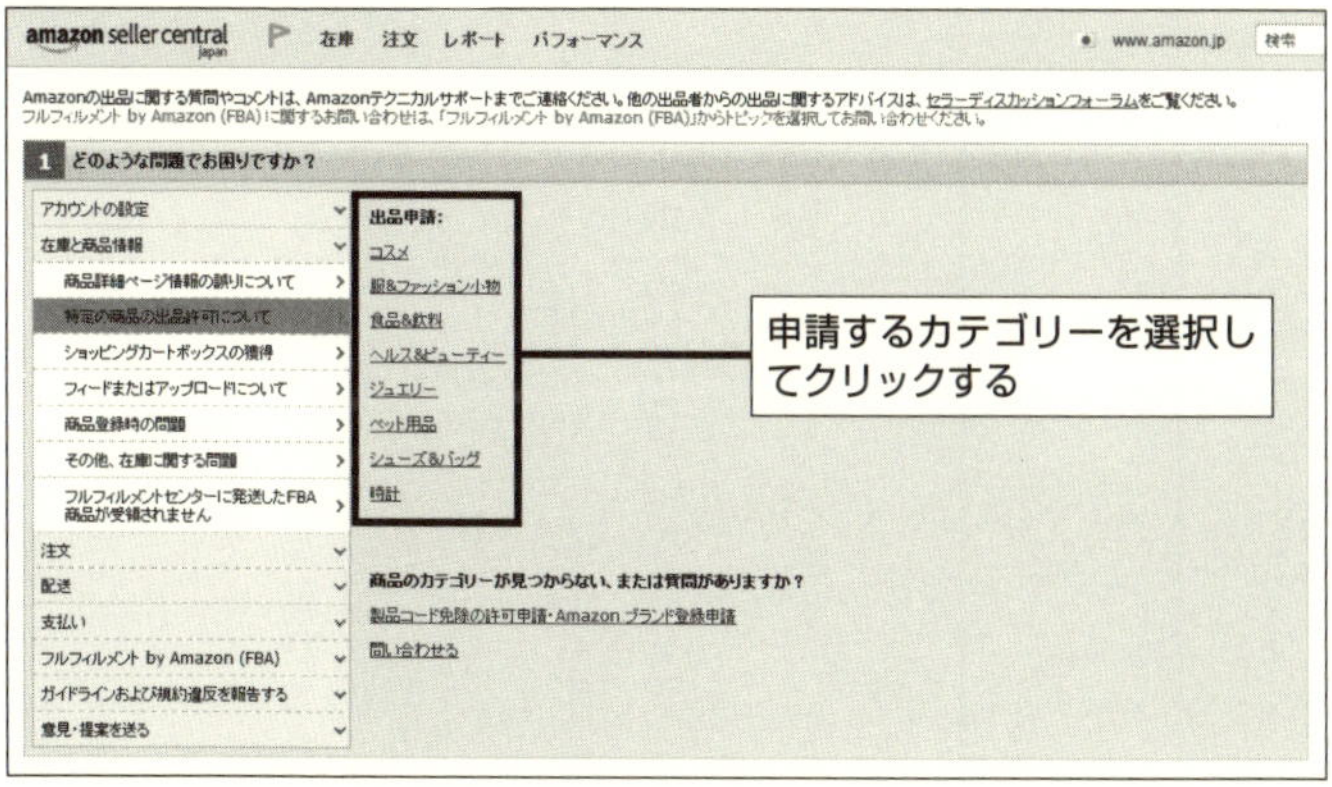

び、保存しておいた画像をアップロードしてください。売上見積もり額なども入力することになりますが、その商品の販売予定価格でも、1カ月の売上想定額でも何でもいいでしょう。

最後に「申請を送信」をクリックします。24時間以内に返信がきますが、**申請が通らなかった場合でも何度でもやり直せます。**ぜひトライしてみてください。

また、一度申請が通ってしまえば、そのカテゴリーに関してはほかのほぼすべての商品も出品できるようになります。天井値を上げるという点で、やはりカテゴリー申請は必須になってきます。実践開始と同時に行っておくことをお勧めします。

■カテゴリー申請をするポイント

- ◉商品自体が写っていて背景が白の画像を選ぶ
- ◉そこまで有名でないブランド

STEP 22 登録されていない商品の新規登録

⚠独壇場で販売できる可能性がある！

☑自分で商品ページを作成する

この本では基本的に「輸入品をメインに扱っているセラー」を探し、そこから商品を探していく方法を推奨しています。しかし、その方法で見つけた商品は「すでに誰かが扱っている商品」であり、悪くいうとこの方法は二番煎じになります。

この方法だけでも多くの商品を見つけて十分な利益を出すことは可能ですが、そこから**一歩先へ進むためのステップとして、「自分で商品ページを作成する」という手段があります。**

商品ページをつくっても、アクセスが集まるまでに時間がかかったりとデメリットもありますが、独壇場で販売できる大きな可能性を秘めているともいうことができます。

⚠商品ページを作成する際の3つのポイント

☑どのような商品のページを作成すればいいか

売れない商品のページを作成しても、その労力に見あわないのはいうまでもありません。具体的に、どのような商品のページを作成すればいいか、3点ご紹介します。

☑❶かなり売れている商品の関連商品

まずはすでにかなり売れている商品の関連商品です。

同じブランドで、まだ日本の**Amazon**にページがないものを探してみましょう。**サイズ違い、色違いなども、売れる可能性は十分あります。**

お客様がなぜその商品を欲しているのか、またなぜその商品が売れているのか、想像力を膨らませて考えてみましょう。

☑❷競合セラーにその商品の仕入先を発見されにくいページにする

次に、商品ページを作成する際には、できるだけ競合セラーにその商品の仕入先を発見されにくいページにすることが有効です。

具体的には、たとえば「**商品名をすべてカタカナ表記にしてみる**」などです。多くのセラーは商品名が英語でなかった時点でその商品のリサーチをやめてしまいます。

☑❸画像を変えてみる

「画像を変えてみる」のも有効です。

ネット上で対象の商品の画像を検索すれば、商品の画像はいくつか出てくるはずです。それらの中で、**アメリカのAmazonの画像とは一見結びつかないものを選んでみると、競合セラーは仕入れを躊躇せざるをえません。**

商品ページをつくるのであれば、できるだけほかの人が入ってこれないようにするという意識を持って作成に挑んでみてください。独壇場とはいわないまでも、そのような意識を持っているだけで競合が増えるのを阻むことができるでしょう。

新規商品登録の具体的手順

カテゴリーをずらして登録してみる

商品ページ作成は、まずセラーセントラルの「在庫」➡「商品登録」を選び、検索窓の下の「商品を新規登録」をクリックします。

次にカテゴリーを選ぶのですが、ここでも想像力を働かせてください。

たとえば、レゴの時計があったとします。ここでカテゴリーを「おもちゃ」ではなく「時計」を選ぶことで、時計のカテゴリー申請をしていないセラーの参入を防ぐことができます。

ポイントは「カテゴリー申請が必要なカテゴリーを選んでしまう」ことです。カテゴリー申請をしていないセラーはたくさんいます。

あまりにもその商品とかけ離れたカテゴリーを選ぶのはNG

■「商品を新規登録」をクリック

ですが、たとえば健康器具の電化製品があったとして、「家電」ではなく「ヘルス&ビューティー」を選ぶなども有効です。

Amazon内でのSEO対策

カテゴリーを選ぶと、次にさまざまな商品情報を入力する画面になります。「＊」マークがついている項目は入力が必須となります。

「＊」マークがついていない項目で入力しておいたほうがいいものとして「検索キーワード」を挙げることができます。これは言ってみれば、**Amazon**内でのSEO対策です。

商品を探す際にお客様が検索をかけそうなキーワードをここに入力しておくことで、検索にヒットさせることができます。1項目につき、半角スペースで区切

■ カテゴリーをずらして登録してみる

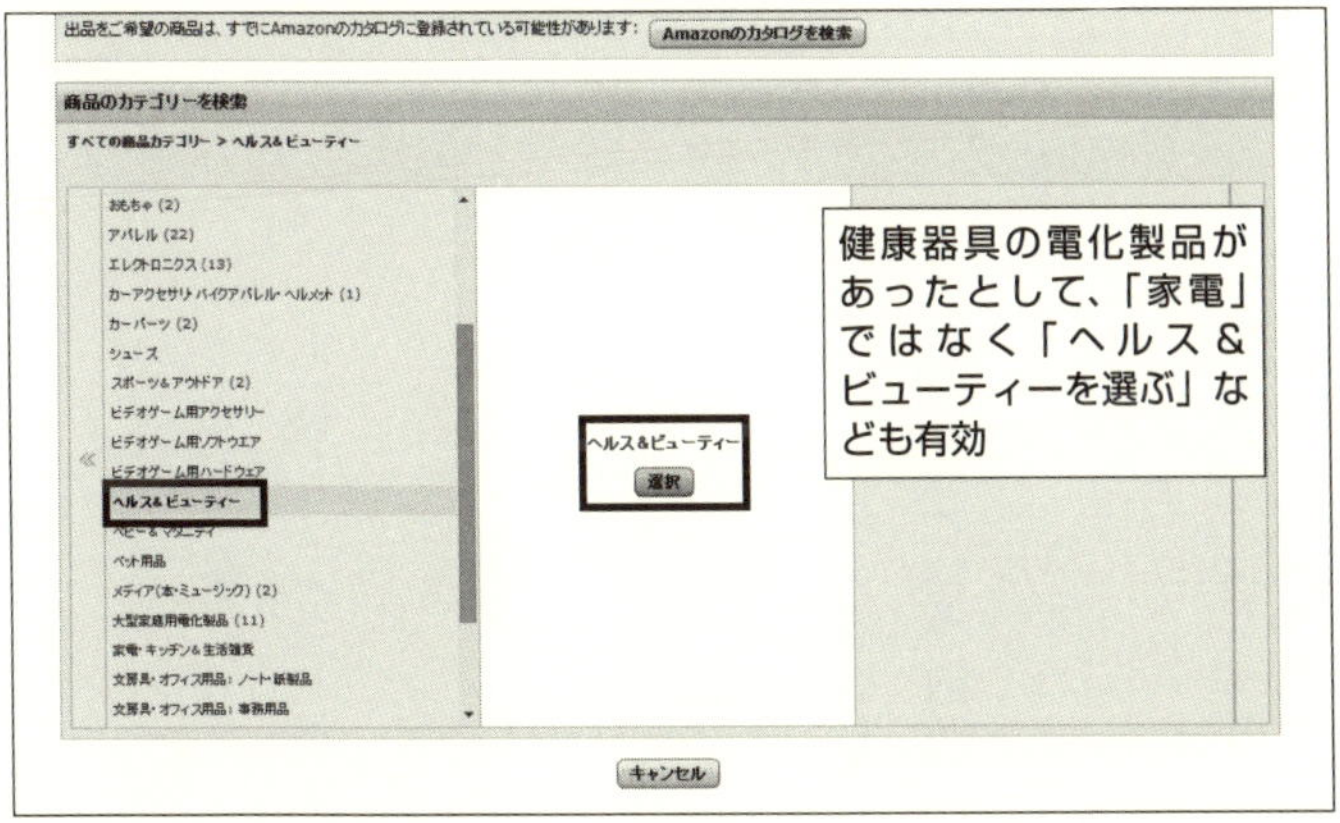

「*」マークがついている項目

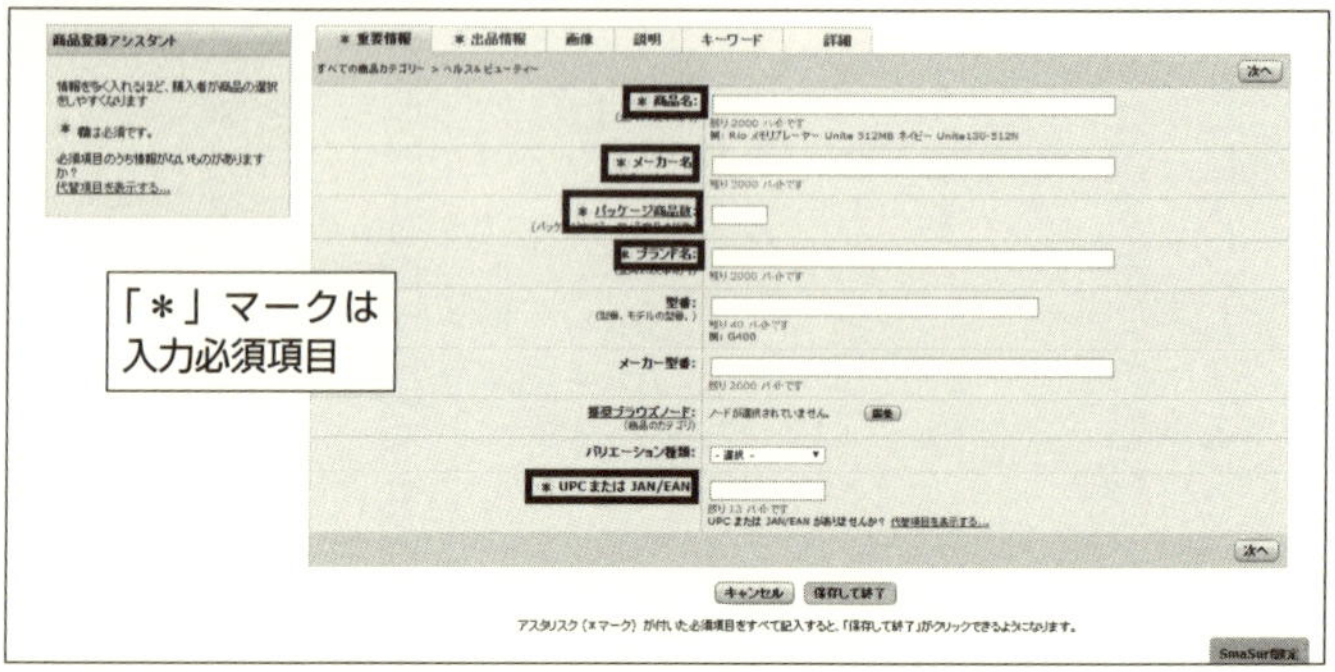
「＊」マークは
入力必須項目

「検索キーワード」

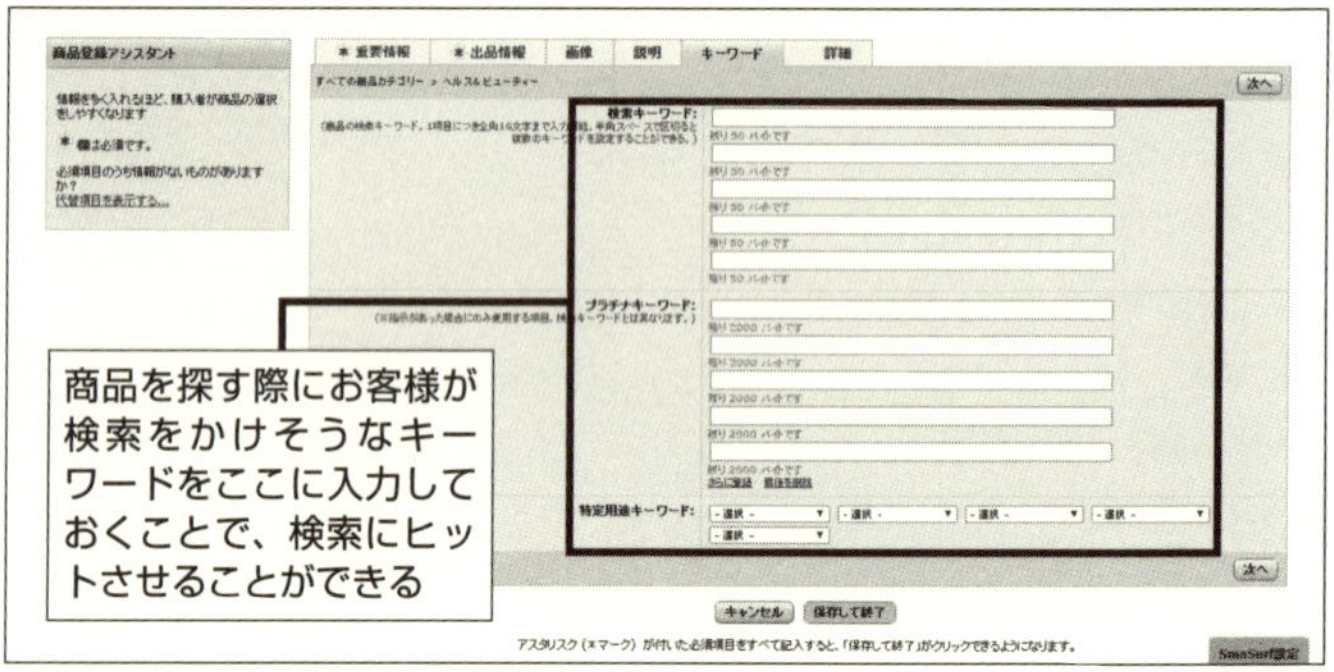
商品を探す際にお客様が
検索をかけそうなキー
ワードをここに入力して
おくことで、検索にヒッ
トさせることができる

ることで複数のキーワードを入れることができるので、できるだけ多くのキーワードを盛り込んでおきましょう。

最後に「保存して終了」をクリックすることで新規商品ページの作成は完了です。**かなりの労力を要しますが、可能性という面では青天井です**。ぜひ自分だけのオリジナルページを作成し、競合セラーの一歩先を行ってみてください。

STEP 23 売上アップへの追加設定

「代引き」と「コンビニ決済」に対応しよう

売れる要素を1つでも増やす努力をしよう

何か1つ商品があったときに「売れる要素を1つでも増やしておく」ことは重要です。

たとえば、お客様が「代引き決済であれば買う」と考えていたときに、あなたの出品者としての設定が「代引き不可」となっていれば、その商品があなたから購入される可能性は低くなってしまうでしょう。そのような事態を防ぐために、**お客様から見た選択肢を可能なかぎり増やしておいてください。**

まずは、セラーセントラルの右上「設定」から「出品用アカウント情報」を選び、その中の「支払い方法の設定」という項目を見てみましょう。

もしも「代金引換」と「コンビニ決済」が無効になっていた場合は「編集」をクリックしてから有効にしておいてください。

⚠「メディア系商品海外発送」の設定をしよう

☑意外と簡単な海外発送申請

以前はＦＢＡ出品している商品の海外発送はできなかったのですが、現在は「メディア系商品のみ」それが可能となっています。

しかし、**この設定にも一手間かかるため、やっていない人が多いというのもまた事実です。**頻度こそ多くはないと思いますが、売上を少しでも上げるために、やれることはやっておきましょう。

☑手書きショップ名サインを写真に撮るだけ

まず、準備しなければいけないものがあります。それは、自分の名前、もしくはショップ名の「サイン」です。

■「支払い方法の設定」で代金引換とコンビニ決済を有効にする

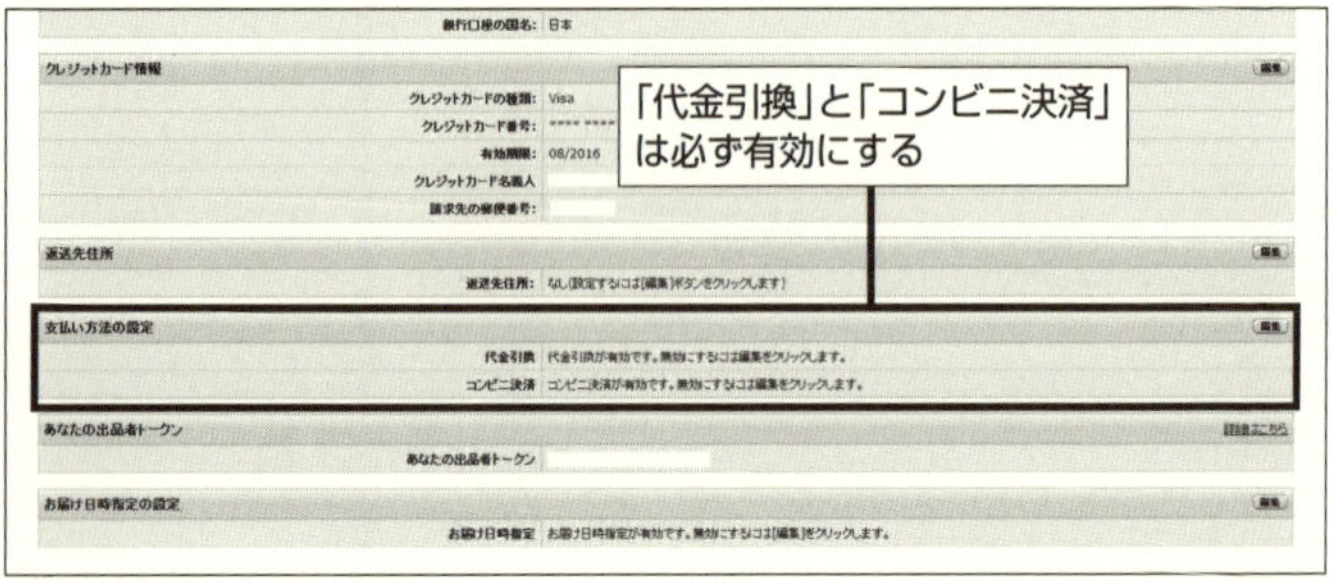
「代金引換」と「コンビニ決済」は必ず有効にする

白い紙を用紙し、ちょっと太めのサインペンなどで、「英語」でサインを書いてみましょう。それをスマートフォンのカメラなどで撮影し、パソコンに送信しておきます。

そして、JPGフォーマットの「350×70ピクセル」に変換します。**Windows**のペイント機能などで編集してみてください。

セラーセントラルの「FBA在庫管理」画面の右上を見ると、「海外発送」という欄があるので、ここに必要事項を入力し、用意したサインの画像をアップロードしてみましょう。

これで、あなたが出品しているメディア系商品が日本国内だけでなく、全世界に発送される状態になりました。

今現在はメディア系商品しか対応していませんが、ゆくゆくはすべての商品が海外発送可になるかもしれません。そのようなときにも迅速に手続きを行い、商品が売れる要素を1つでも増やしていってみてください。

■「海外発送」から店舗写真をアップロード

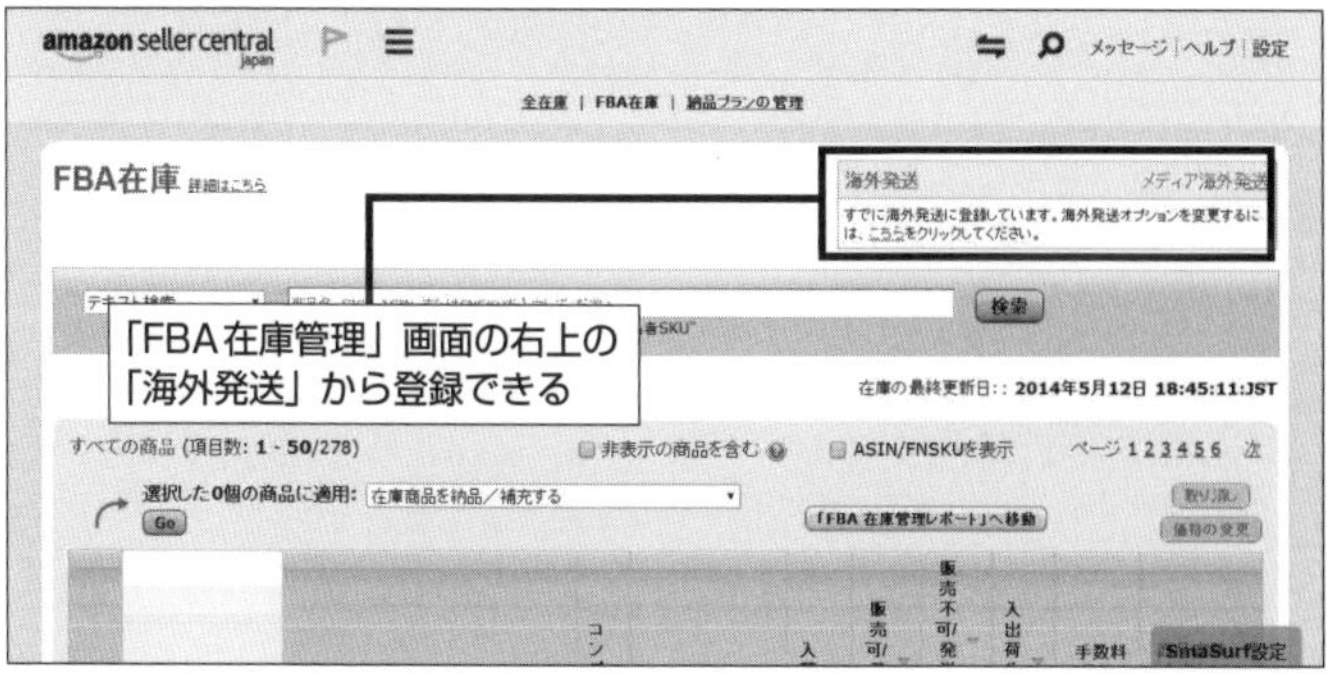

コラム　常に「考え続ける」

◆「正解」を増やすにはどうすればいいのか？

私は輸入ビジネスの世界に足を踏み入れて３年になります。はじめたころと比べると輸入ビジネス全体の状況、ノウハウがめまぐるしく動いていると感じています。その変化についていけず、「撤退」「脱落」をする人は少なからずいます。

もし彼らがわずかでも利益を上げていたのであれば、これは本当にもったいないことです。もちろん、数多くの失敗があったのでしょう。しかし、利益が出た商品があったのであれば、その商品に対して彼らがとった行動は「正解」だったはずです。そうであればその「正解」を増やすにはどうすればいいのか？　そこを愚直に突き詰めていけば、必ず活路はあったはずです。

もしもあなたが実践をはじめ、何か壁のようなものにぶつかることがあれば、そのような視点で一度冷静に立ち止まってみてください。そして、あなた自身が何度も出してきた正解を増やすことを心がけてみてください。

◆時代の流れにあわせて自分も動いていく

常に「考え続ける」ことも求められます。Amazon自体の仕様や、私たちが利用しているサービスのしくみは刻一刻と変化しています。たとえ変化があったとしても「では、どうすればいいか？」をその度に考えてみてください。

そして「結果を出している人」がいること、「変化についていっている人」がいることを意識し、彼らがどのようにしているのかを考えてみることで、自分もその仲間入りができるはずです。

どんなビジネスを行うにしても、その時代の流れにあわせて自分も動いていくべきなのは言うまでもありません。動いていかなければ、その流れからは取り残されてしまうことでしょう。

「考えること」「調べること」、そして実際に「動いてみること」。

常にそのような意識を持っていれば、時代の流れに乗るどころか、さらに一歩先へと進むことができるはずです。

第5章

カスタマー編

お客様への対応

STEP 24 お客様からの問いあわせ

⚠お客様がいることを常に意識しよう

☑わからないときはGoogleでとことん調べる

Amazon輸入をしている以上、というよりも何かビジネスをしている中で、必ずそこには「お客様とのやりとり」が存在します。

まず、**問いあわせがあった場合、あたりまえのことですが、真摯に対応する必要があります。**

みなさんは輸入品を販売することになりますが、商品の知識はほとんどないというのが当然です。それぞれのカテゴリーである程度キャリアを積んでいくとなんとなくわかるものもあります。

ですが、やはりわからないものはわからない。そのときは、もう**Google**などで検索するしかないでしょう。「お客様の代わりに調べてあげる」のです。これはモノを売る以上、当然の義務ですよね。**Googleなどでとことん調べ、それをお客様にわかりやすい言葉で説明していきます。**

もし調べに調べてもわからなかった場合は、結論は出なかったけれども、ここまではわかりましたよ、ということを真摯に説明すれば、大抵のお客様は納得してくれるはずです。

24時間以内返信の義務に注意！

☑ Amazonからの連絡には常に目を光らせておく

たとえ「副業」といえども、1週間Amazonからのメールすら確認しなかった……などということはビジネスとしてあってはならないことです。お客様がいる以上、問いあわせやクレームがくることは必然であり、それに早急に対処していくことは「義務」でもあります。これを怠ると、Amazonからは当然ペナルティを受けます。わかりやすいのが「24時間以内の返信義務」です。

24時間以内の返信を怠るたびに、出品者としてのパフォーマンスは低下してしまいます。これはカートボックス獲得率などに影響し、最悪の場合アカウントが停止になることもあり得ます。

常にAmazonからの連絡には目を通し、お客様からの質問にはすみやかに回答することを習慣化させることが成功への近道です。

⚠問いあわせを見逃さないようにするために

☑Gmailアプリのプッシュ通知機能を使おう

これを回避するには、逐一Amazonからのメールをチェックしたり、セラーセントラルを開いたりする必要がありますが「副業」として考えた場合、「正直それはキツイ……」というのは否めませんよね？　ですから、**お客様からの問いあわせがあったときだけは、確実にリアルタイムでわかる環境にしておくというのがいいと思います。**

今では「Gmail」など、便利なものがたくさん世に出回っています。セラーセントラルの設定から、「カスタマーサービスのEメール」をGmailにして、スマートフォンをお持ちであれば、Gmailのアプリを入れてプッシュ通知にしておくだけでも大分違うでしょう。

また、お客様から問いあわせがあった場合、メールでそのお知らせが届きますが、見逃して

■「購入者のメッセージ」

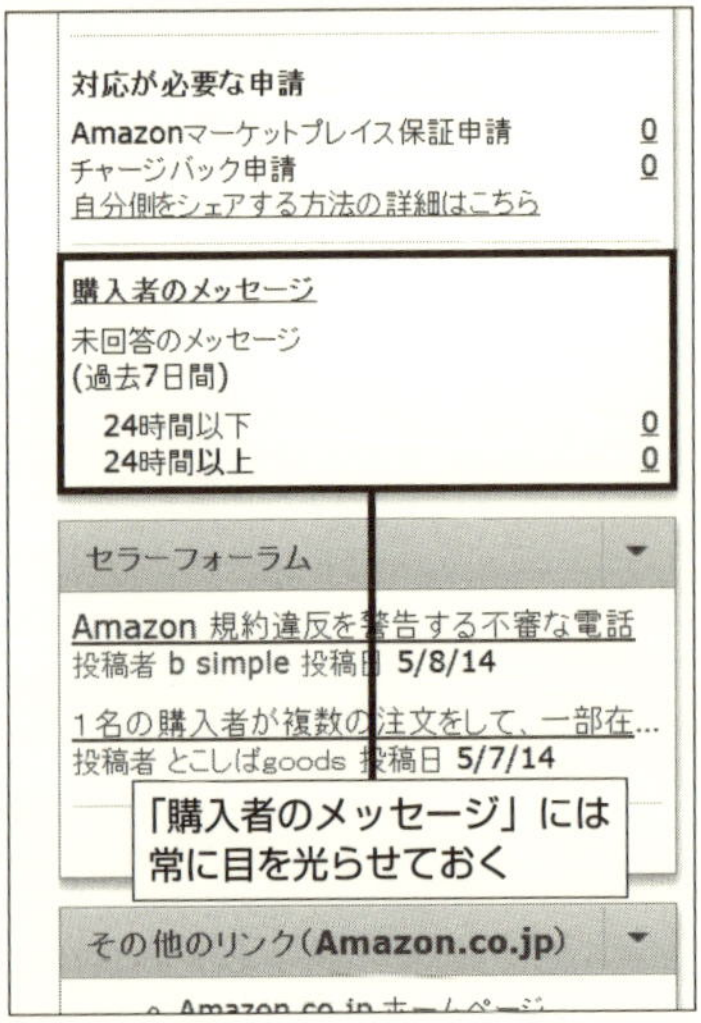

しまう可能性も考慮すると、**セラーセントラルのトップページ左側の「購入者のメッセージ」という欄にも、日々気を配っておいたほうがよいと思います。**

⚠ほかのショップに質問してみるのも1つの手段

☑みずからの成長にもつながると前向きに考えよう

お客様からの問いあわせがあったとき、まずは自分で調べてみるのはもちろんですが、同じ**Amazon**で販売をしているセラーや、日本でその商品を扱っているショップなどに問いあわせて聞いてみるというのも1つの手段です。特に調べたい商品を扱っているショップがそのジャンルに特化したショップである場合、「商品知識」という面でも詳しい場合がかなりあります。

私は以前、バイクのキーロックのような商品に関して問いあわせがあったときに、その商品を扱っているショップを見つけて問いあわせをしたみたことがあります。そのたった1回の電話ですべての疑問を解決することができました。

このように、お客様から問いあわせがあったときに、自分で調べたりショップなどに問いあわせをしてみることで少しずつ、その商品やそのジャンルなどに詳しくなっていくことがあります。

「お客さんから問いあわせがきてしまった……！」

このように後ろ向きにとらえるのではなく、**みずからの成長にもつながると前向きにとらえて、一つひとつの問いあわせにじっくりと対応していきましょう。**

☑ 領収書を請求された場合

Amazon輸入を実践していると、商品に関する問いあわせとは別に「領収書」の請求がくる場合があります。２０１４年6月現在は、領収書はAmazonが発行してくれることになっているので、お客様には「カスタマーサービスに領収書の発行を依頼してください」と伝えましょう。

稀に「代引き」などの場合にカスタマーサービスでの対応ができないということがありますが、その場合は、ご自身で領収書を購入したり（コンビニでも売っています）、ネット上にフォーマットがあったりするので、それをダウンロードしてお客様に送ってあげましょう。

STEP 25

お客様への評価依頼

ヤフオク!とAmazonにおける「評価」の違い

評価をもらいにくいAmazon

「評価」という点で、たとえばヤフオク!とAmazonとでは大きく異なります。

ヤフオク!がお客様とセラーとの相互評価があることに対し、**Amazonでは一方的にお客様からしか評価をつけられません。**これが何を意味するかですが、**ヤフオク!に対してAmazonは「悪い評価がつきやすい」ということにつながってきます。**

ヤフオク!は、お客様自身も高い評価がほしいので、そのためにもセラーに対して高い評価をつけるのが基本スタンスです（もちろん、取引に問題があったときは悪い評価をつけたりしますが)。

Amazonにおいては、お客様は完全に神様扱いで、こちらからはどうすることもできません。できることといえば、いい評価をもらうための努力をする、もしくは、悪い評価をもらわないようなリスクヘッジをする、ということくらいですが、**Amazon**輸入をはじめて間もない時期は、これがけっこう重要になってきます。

目指すべき「高い評価」の割合

☑「90パーセント」の評価を目指そう

では、どれくらいの「高い評価」を目指すべきなのでしょうか?

1つの**目安として覚えておいていただきたい数値は「90パーセント」**です。**Amazon**での高い評価の割合は、カートボックス獲得率に若干の影響を及ぼすこととは別に、カートからではなく、セラーの一覧を見て購入するお客様へも影響を及ぼします。

たとえば、あなたがセラー一覧から商品を購入するお客様だった場合、同じ価格で出品している「高い評価80パーセントのセラー」と「高い評価95パーセントのセラー」、どちらから買うでしょうか？　ほぼ間違いなく、後者から買いますよね。

また、**Amazon**輸入実践開始当初は評価の絶対数が少なく、全体の中での1件の評価に対する割合が非常に大きくなってきます。たとえば評価を5つもらいました。そのうちの3つが「普通以下（3以下）」の評価でした。この場合、高い評価の割合は40パーセントになってしまいます。

自分がもしお客様の立場だったら……セラーの詳細まで見ていった場合、はたして評価40パーセントのセラーから買うでしょうか？

カートボックス（ショッピングカート）から商品を購入するお客様にはさほど影響しませんが、**細部まで見てから商品の購入を検討するお客様の場合、評価の低さは意外と響いてきます。**実践を開始して間もないころは評価には極力気を遣ったほうがいいのは間違いありません。

⚠テンプレートの準備とカスタマーサービスへの誘導

☑「評価依頼」は低い評価がついてしまう可能性を抑える効果がある

実践開始当初は「お客様への評価依頼」を定期的に行うことで、低い評価がついてしまう可能性をできるだけ抑えていきましょう。**Amazon**からもお客様に「セラーを評価してください」というメールがいきますが、それとは別に自分からも評価依頼を送ることができます。具体的には次のような手順を踏んでいきます。

「ご購入いただきありがとうございました」
「商品は無事に届いておりますでしょうか」
「到着確認も含め、評価していただけるとうれしいです」
「何か問題がございましたらカスタマーサービスまでご連絡をお願いします」

このような文言を織り込み、ぜひオリジナルのテンプレートを作成してみてください。

ここで重要なのは最後の部分、「何か問題がございましたらカスタマーサービスまでご連絡

■ 評価依頼メール（例）

田中正三様

この度はAmazonマーケットプレイスにてご利用いただきまして誠にありがとうございます。

本日ご注文頂いた商品の発送を完了いたしました。
到着まで今しばらくお待ちください。
商品が無事にお手元に届きましたら到着確認も含め、評価していただけるとうれしいです。
また、何か問題がございましたらカスタマーサービスまでご連絡をお願いします。

このたびはありがとうございました。

ソーテックス・インポートショップ
山田太郎

をお願いします」です。

そのような文面のメールを送ることで、何か問題があったときお客様は「悪い評価をつけてやろう！」という意識から「まずはカスタマーサービスに連絡してみよう！」という意識に変わるはずです。

■ **何か問題があったときのお客様の心理**

◉ **何もしない場合➡悪い評価をつけてやる！**

◉ **評価依頼メールを送っている場合➡まずはカスタマーサービスに連絡してみよう！**

⚠ 評価依頼をルーティン化する

☑ 週末にまとめて評価依頼を送ってみよう

毎日毎日、評価依頼のメールを送る……というのは現実的ではありません。**評価依頼をルーティン化するためにも、毎週決まった曜日などに送るのがいいでしょう。**

たとえば週末、土日などに商品が売れる可能性が高いのはなぜかと考えると、お客様がパソコンの前にいる時間が長いからです。それと同じように考えると金曜日、もしくは土曜日などにその週に売れた商品に関して、まとめて評価依頼をしてみるというのも有効であると判断できます。**毎週末に評価依頼を送るというクセをつけると、そこまで手間はかかりません。**ぜひともやってみてください。

⚠低い評価には必ず返信する

お客様からいただいた評価に、こちらが返信することも可能です。特に、低い評価がついてしまったときは必ず返信をするようにしましょう。なぜかというと、これら**一連のやりとりはそのお客様に対してだけではなく、リアルタイムに購入を検討されているほかのお客様からも見えているからです。そこで真摯に対応をすることは一時的な応急処置になるだけでなく、長期的に考えても大きなリスクヘッジとなります。**

パソコンの向こう側にいるお客様を常に意識して、問いあわせや低い評価などに対応していきましょう。

STEP 26 低い評価がついてしまった場合の対処法

⚠「ＦＢＡ新品」が評価削除に有利な理由

お客様からのお問いあわせに真摯に対応したり、しっかりと評価依頼を送っていたりしても、「低い評価」がついてしまうことはもちろんあります。

しかし、ここまでお伝えしてきたノウハウを実践するにあたり、みなさんは「新品」の商品を仕入れ、そして「ＦＢＡ」出品をしているので、ほかの出品形態、たとえば「中古」「自己発送」などに比べて極めて有利に評価の削除を行っていくことができます。

なぜなら、**新品でＦＢＡ発送の商品に低い評価がついてしまった場合は、かなりの割合で「Amazonの責任」となる**からです。いくつかの例を挙げて説明していきましょう。

⚠削除対象となる評価のパターン

☑責任の所在がAmazonに？

たとえば「箱が潰れていた」という低い評価がついてしまった場合、みなさんは新品として商品を納品している以上、商品の状態はいいものとみなされていることになります。つまり**外箱・ケースなどに破損があった場合は、Amazonの倉庫内での保管時、またお客様への商品の輸送時などに何らかの原因で破損してしまった……などと、責任の所在がAmazonにあるとすることができるわけです。**

同じような理由で「届くのに時間がかかった」という場合も**Amazon**の発送スピードまではこちらではコントロールできないので、責任の所在は**Amazon**となります。

また「商品の初期不良」に関しても、新品として出品しているので当然、中身の状態まではみなさんは把握できないので、これも削除対象となります。

☑Amazonテクニカルサポートに評価を削除してもらおう

このような削除してもらうことのできる評価がついてしまった場合は、**必ずAmazonのテク**

ニカルサポートに削除依頼を出しましょう。**セラーセントラル右上の「ヘルプ」から入ると、「テクニカルサポートにお問い合わせ」「問い合わせる」というオレンジ色のボタンが表示されるのでそちらをクリックしてください。

■ オレンジ色のボタン

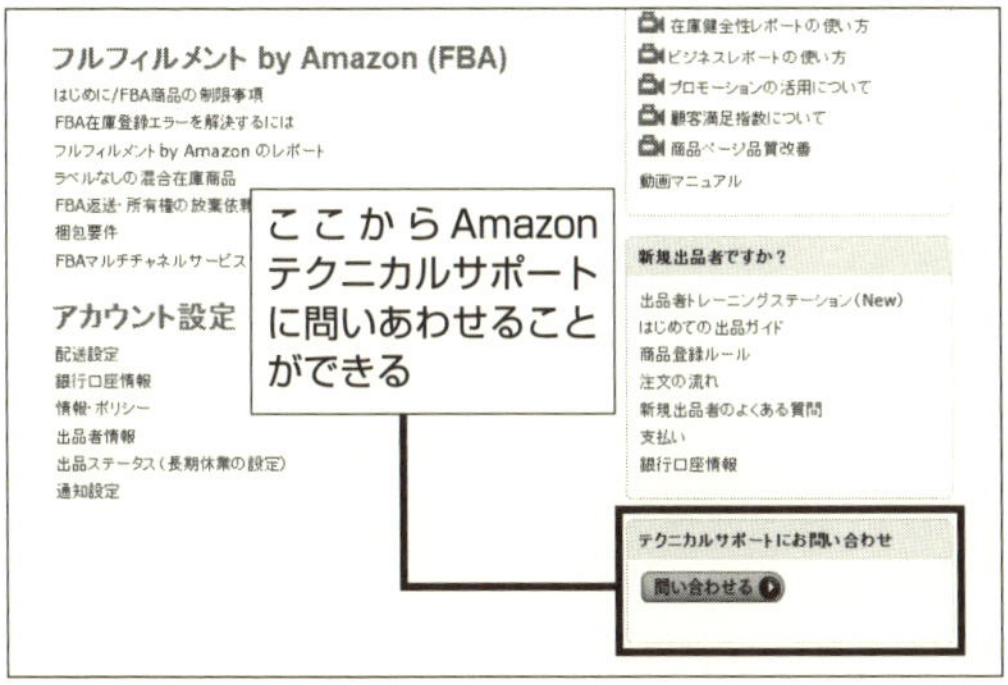

■ 削除依頼を申請

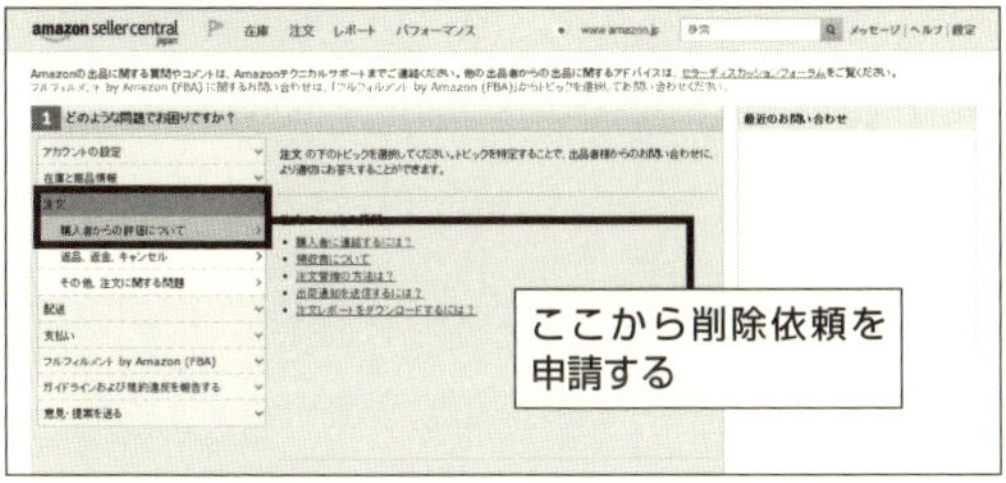

次に「どのような問題でお困りですか？」の中の「注文」➡「購入者からの評価について」「注文ＩＤ」をコピーペーストし、削除依頼を申請します。

評価が商品自体の内容（商品レビュー）に関することであったり、個人情報が載せられている場合も削除対象となるので、「この評価について申請する理由」の中で該当する項目をその都度選んでください。

⚠お客様に評価削除を依頼しよう

Amazonのテクニカルサポートに削除依頼を出しても、どうしても削除してもらえないケースもあります。そのようなときはお客様に直接評価の削除依頼を出してみてください。

低い評価がついてしまった場合、その評価の下に「返答する」または「購入者に連絡する」というボタンが表示されます。そこからお客様に直接連絡ができるので、誠意を持って連絡をしてみてください。

返品・返金対応させていただく旨を伝

■「この評価について申請する理由」

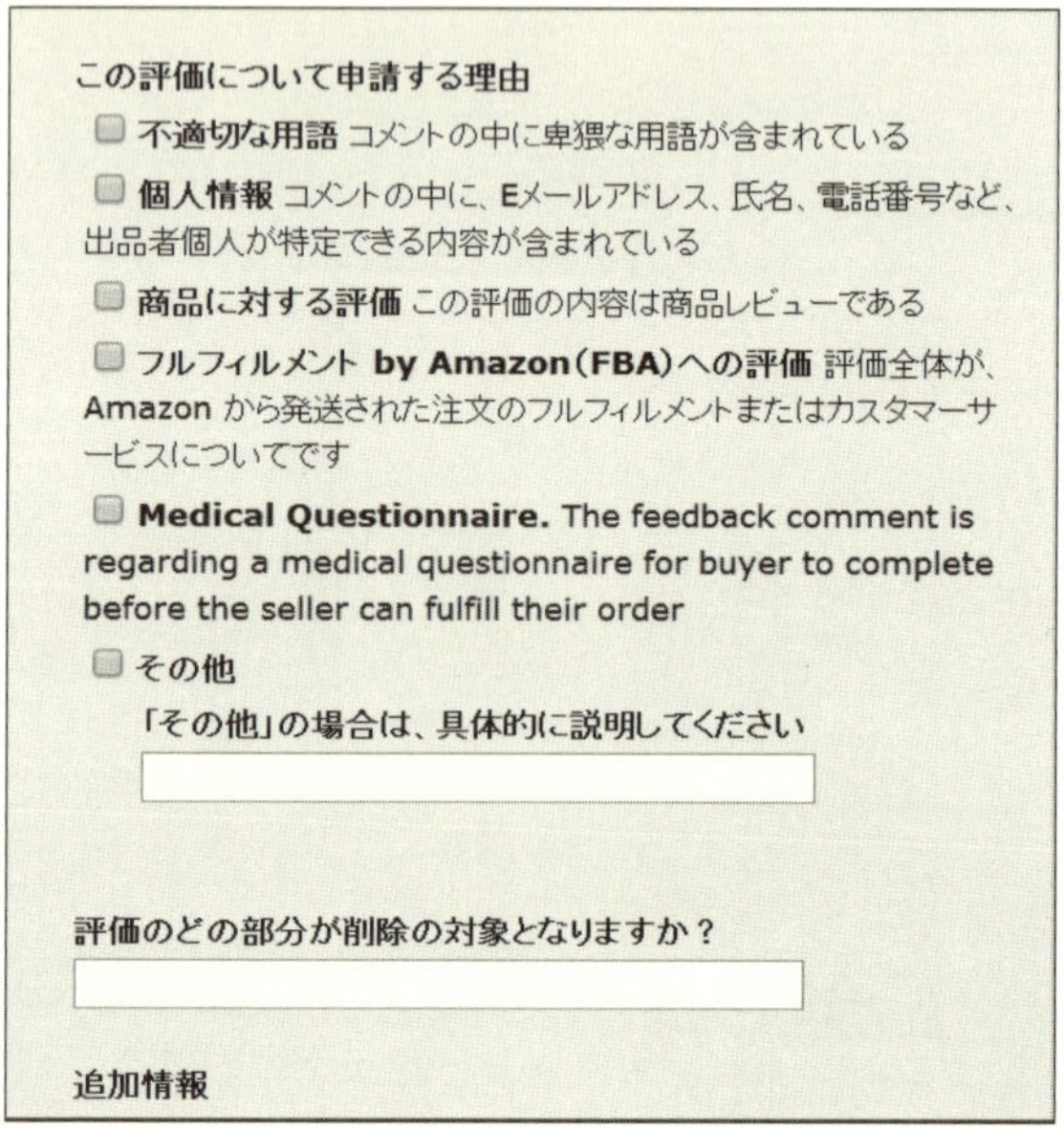

この評価について申請する理由
不適切な用語 コメントの中に卑猥な用語が含まれている
個人情報 コメントの中に、Eメールアドレス、氏名、電話番号など、出品者個人が特定できる内容が含まれている
商品に対する評価 この評価の内容は商品レビューである
フルフィルメント by Amazon（FBA）への評価 評価全体が、Amazon から発送された注文のフルフィルメントまたはカスタマーサービスについてです
Medical Questionnaire. The feedback comment is regarding a medical questionnaire for buyer to complete before the seller can fulfill their order
その他
「その他」の場合は、具体的に説明してください
評価のどの部分が削除の対象となりますか？
追加情報

えるのもいいでしょう。そのあとに「評価を削除していただけませんでしょうか？」という要望を伝えます。

ここで使う言葉としては、「当店はまだ評価も少なく今後の販売に影響が出てしまう」「評価の削除には、それほどお時間はかからない」などがいいと思います。特に2つ目の、**評価の削除の方法を知らないというお客様は多いです。**そこで、評価削除の方法も添えておくのがベストです。

評価の削除は、**Amazon**のトップ画面右上の「アカウントサービス」からログインしてもらい、注文履歴欄の「その他」の「出品者の評価を確認する」をクリック。つけていただいた評価の「削除する」をクリックすることで完了します。

ぜひともご自身でオリジナルの削除依頼テンプレートを作成し、テクニカルサポートでも削除してもらえない低い評価がついてしまったときに、すぐに対応できるようにしておいてください。

STEP 27 「カスタマーレビュー」について

セラーの評価と商品レビューの違い

Amazonではセラーへの評価とは別に、「商品のカスタマーレビュー」というものがあります。この2つは当然まったくの別物です。

もしも売れた商品に関してあなたに低い評価とともに商品レビューが書かれてしまった場合は、必ずテクニカルサポートに削除をしてもらいましょう。商品のカスタマーレビューは、その名の通り商品の内容、商品自体に対するお客様の評価です。

レビュー数で売れ行きの相関関係をつかむ

プライスチェックなどを見たときに、本当に売れているのかわからない場合などに、商品のカ

■ 商品のカスタマーレビュー

スタマーレビューの数を見てみることは意外と有効です。

というのもこのカスタマーレビュー、**実はお客様は購入しなくても書くことができるのですが、それでも「数」がついているということはアクセス自体はそれなりにあると推測できるからです。**もちろん、しっかりと買ってからレビューを書いているお客様のほうがたくさんいるわけで、数が多ければ多いほど売れている商品であるということは間違いありません。

また、たとえばＦＢＡセラーが誰もいない商品で、それほど売れているデータはないもののカスタマーレビューで高い評価がいくつかついている場合。購入を迷っている数少ないお客様が、そのレビューに後押しされることもありえます。その場合は仕入れの判断基準にするのもいいでしょう。

⚠低いレビューを逆に活かす

需要のある商品に関しては、たとえレビューが低くても売れていくというのは事実ですが、それでも、かなりお客様の目を引く低いレビューというのも存在します。実際、**それまでは売れ行きが好調だった商品が、たった1件の低いレビュー（コメント）によって売れ行きが落ちてしまうということもあります。**そのような場合に、私たちセラーは成すすべがないと思われがちですが、みずからの商品の売れ行きまでは、そこまで落とさない方法があります。

それは、商品コンディションの欄に、その低いレビューをフォローするコメントを添えることです。

たとえば「商品画像と色が違った」などと書かれていた場合。「当店の商品は画像と同じく青色となります」などと書いておくことで、何も書いていないセラーとの差別化を図ることができ、自分の商品だけが変わらずに売れ続けるということがありえるわけです。

ちょっと視点を変えることで、逆にその状況を優位に戦うこともできます。もし似たようなケースにあったときは参考にしてみてください。

STEP 28 商品が返品されてしまったとき

⚠「中古」として再出品する

Amazonには当然、返品・返金制度があります。そしてそれは販売した商品数に伴い、確実に増加していきます。では、どのように対応していけばよいのでしょうか？

☑まずは返送手続きを行い商品状態を自分の目で確かめる

返品されてしまった商品は一度ＦＢＡ倉庫に戻され、多くの場合は「販売不可在庫」となり、私たちセラーからの返送手続きを待つ状態となります。まずは返送手続きを行い、自分の目で商品の状態を確認してみましょう。

自宅への返送手続きをする

セラーセントラルの「FBA在庫管理」のページで「販売不可／発送不可」のところをクリックすると、オレンジ色で返品された商品が表示されているので、左のチェックボックスにチェックを入れてから、「返送／所有権の放棄依頼を新規作成」を選び、「GO」ボタンを押して進めていきましょう。

改めて新品としては販売できない状態であれば、やはり「中古」として新たに商品登録をして出品することが必要になってきます。

中古でもよく売れる

コンディション説明と価格設定

面白いのは「中古でも意外と売れる」ということです。

■ 自宅への返送手続き

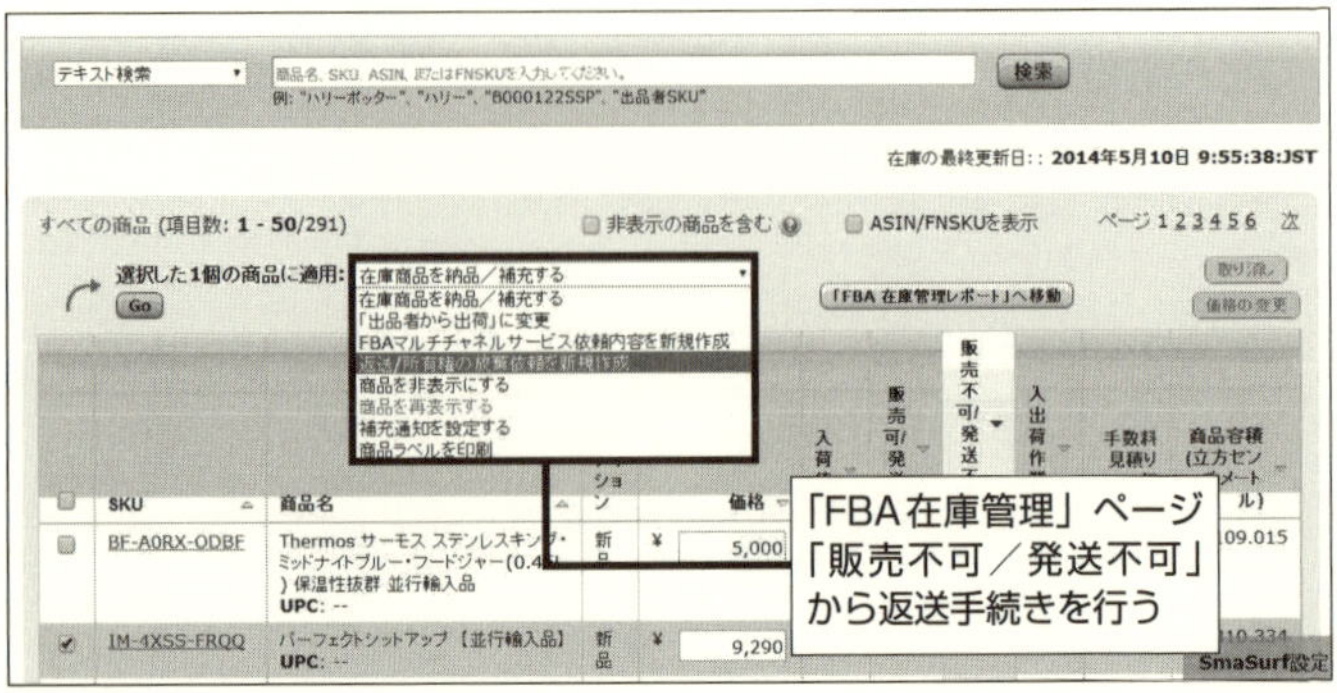

コンディション説明をしっかりと書くことで、迷っているお客様の後押しをしてあげましょう。

中古にもコンディションがいくつかあり、たとえば外箱が若干傷ついているだけという場合は「中古・ほぼ新品」に出品し、「外箱は傷ついておりますが、未開封の新品です」などと記載しておきましょう。

「外箱は正直どうでもいい、安ければいい」というお客様は数多くいるので、自分が思っている以上に早く商品が売れていってくれることがほとんどです。

仕入先に返品するのが面倒、かつ中古で出品してもそれなりに利益は取れるという場合は中古として出品してしまったほうが楽です。

価格は、中古で出品しているセラーがほかになければ新品よりも若干安く、また、中古の出品がある場合は、同じコンディションとほぼ同じ価格にあわせるのがよいでしょう。

⚠ヤフオク!と「FBAマルチチャネルサービス」

☑急いで売りたい場合はヤフオク!で「1円出品」

作業効率を考えると、返品されてしまった商品すらもAmazon内でさばいていくというのが理想的ですが、一刻も早く商品を現金化して次の仕入れ資金に回していきたいという場合は、ヤフオク！で「1円出品」などをするというのも有効な手段です。

Amazonで中古で出品するのと並行し、ヤフオク！でも出品をすることは可能です。

☑ ＦＢＡ倉庫からヤフオク！落札者へ発送ができる

今では「ＦＢＡマルチチャネルサービス」というものがあり、**ＦＢＡ倉庫に保管している商品を指定した宛先に送ることができます。**

しかも無地のダンボールで発送してもらえるので、たとえばヤフオク！で買ったお客様に**Amazon**のダンボールが届いた場合、お客様はちょっと混乱してしまう可能性もありますが、それを防ぐことができるわけです。

Amazon自体もそのような施策を行うことで、少しでも多くの利益を取ろうとしています。それは、同時に私たちにも利益をもたらすものなので活用しない手はないでしょう。

STEP 29
各行程で外注化を図っていこう

⚠セラーセントラルへのアクセス権限

☑セラーセントラルは共同管理ができる

ある程度の販売経験を積んでいくと「この作業、誰かに任せられないかな？」などと考えるようになってきます。それはたとえばリサーチそのものであったり、価格の改定であったり、お客様からの問いあわせ対応であったりとさまざまです。**その作業がセラーセントラルで行うことができるものである場合、自分以外のユーザーにアクセス権を付与することもできます。**

たとえば、「友人に価格改定を任せたい」場合。セラーセントラル右上の「設定」➡「ユーザー権限」の中の「新規ユーザーのEメールアドレス」に友人のメールアドレスを入力し、招待メー

■ 友人に招待メールを送信する

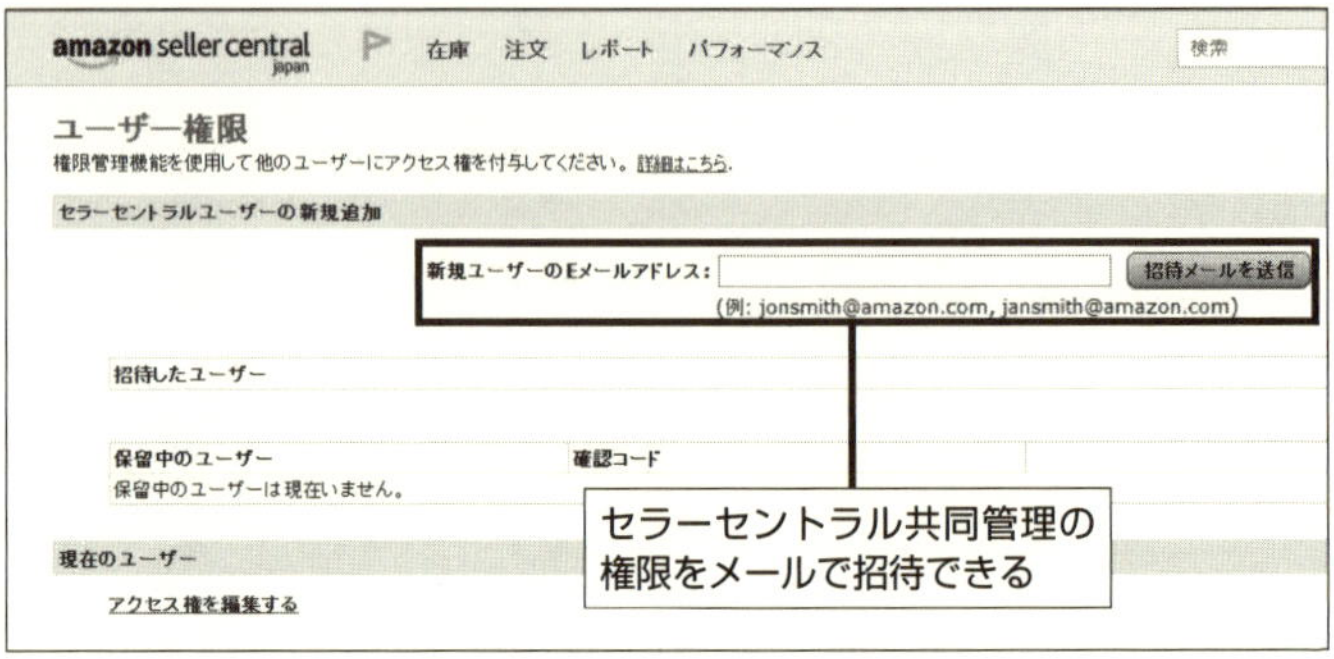

ルを送信してみてください。

☑ アクセス制限も設定できる

価格改定の場合は「在庫管理」のページのみにアクセスできればいいので、その友人には**「在庫管理」ページしかアクセスできないようにも設定できます。**たとえば売上などを見られたり、ほかのところをいじられるというようなことがなくなるわけです。

また、今ではさまざまな人材募集サイトがあります。

「**@SOHO**」や「**oDesk**」「ランサーズ」などが有名ですが、もしもそこでいい人材を確保し、外注化ができた場合にも特定のページへのアクセス権だけを与えることができるのでぜひとも活用してみてください。

⚠ 無料、有料、さまざまなツールの存在

☑ツールの導入も検討してみよう

今ではAmazon輸入を実践していくうえで非常に便利なツールが世に出回っています。無料・有料問わずさまざまなものがあります。

本書で取り上げた「SmaSurf」や「プライスチェック」、また「Amashow」や「億ポケ」などの無料ツールや、たとえば日米Amazonの価格差を一瞬で表示させることのできる有料ツールや価格改定ソフトなどもあります。

もちろんあまり役に立たないツールもありますが、**作業時間を減らし、利益の増加につながっていくものであれば積極的に取り入れていくべきでしょう。**使ってみて肌にあわないものはやめればいいだけです。

Googleで検索をかけるといろいろなものが出てきます。みなさんが実践している段階に見あうもの、またその段階を一歩先に進ませるものをぜひ探してみてください。

STEP 30

まとめ

⚠商品の種類をひたすら増やす

☑商品の種類が増えるほどリスクが小さくなっていく

Amazon輸入で最初に注力したほうがいいことは、間違いなく「商品の種類を増やす」ことです。

商品の種類が増えていくと、たとえば特定の商品が価格競争におちいって利益が取れなくなった場合に、ほかの多くの商品群がそれをカバーしてくれます。**扱う商品の種類が増えれば増えるほど、リスクが小さくなっていくわけです。**

もちろん、実践開始と同時に「直接取引」などに取り組むのもいいのですが、そもそも最初は「何が売れるのか」すらわからないと思います。まずは、ある程度の商品が見つかるまではリサーチを続けてみてください。商品を安く仕入れることに注力するのは、多くの商品を見つけてから で十分です。まずは商品リサーチに取り組み、そのあとに仕入先リサーチや外注化などを行って ビジネスを拡大させていってください。

目標の数値化と失敗の分析

まずは「売上を上げる」「売りまくる」を目標に

目標を数値化しておくことは、何かを行う際には極めて重要なことであり、**Amazon**輸入に関しても、もちろんそれは当てはまります。

たとえば、次のような目標を掲げるとします。

- **月に○○万円の仕入れをする**
- **利益率を○パーセント上げる**
- **扱う商品の種類を○○○種まで増やす**
- **直接取引を○○件に増やす**

このような形でさまざまな目標を掲げることは、すべて「純利益のアップ」につながっていきます。毎月のようにこのような数値を割り出し、目標が達成できたらさらに数値を上げる、達成できなかったのであれば、何が悪かったのか失敗を分析してフィードバックを行い、来月こそは必ず達成できるようにするなど、常に数値化された目標と向きあっていく姿勢が重要です。

私が考える、まずみなさんに目指していただきたい数値目標の1つは「月商100万円」、つまり月の売上100万円の突破です。

最初は月商100万円など信じられない数値に思えるでしょう。

しかし、**やってみればわかりますが意外にも簡単に突破できます。そして、自分でも100万円売ったという事実は大きな自信となるはずです。**

利益率を上げることはあとからいくらでもできるので、まずは「売上を上げる」「売りまくる」ことを1つの目標としてみてください。

⚠赤字を恐れていては何もできない

☑「トータルで利益を出す」意識を持とう

大きな利益を出している人でも、ほぼ間違いなく赤字の商品があります。すべてがすべて黒字で売れていくわけではありません。ただ、実践をはじめて間もない人よりも経験が多い分、俗に言う「トライ&エラー」を何度も繰り返しており、赤字になる割合は小さくなってはいるでしょう。やはり**一番大切なのは、「トータルで利益を出す」ことであり、赤字を恐れていては仕入れすらままなりません。**

たとえば100万円分の仕入れを行うとします。送料もここに含めましょう。商品の仕入れ代金が90万円で送料が10万円。この、100万円かけてアマゾンに出品した商品がすべて売れたときに、手数料等を差し引かれたアマゾンからの入金額が100万円を下回ることは、ほとんどないはずです。よほど適当に、もしくは間違った仕入れ基準で仕入れないかぎり、ほぼ間違いなく100万円は上回ります。実際、**「利率のいい投資」と考えて実践されている人もいて、その確実性は多くの人が実感しているはずです。**

もし仮に100万円が90万円になってしまったとしても、それでもほかのビジネスや投資などよりはリスクは極度に低いと思います。「ほかのこと」と比べたら、輸入ビジネスはなんてリスクが低いんだと思うのは私だけではないはずです。大切なのは、赤字の商品は必ず出ることを想定し、それらを減らす努力はする。１００がゼロになることはないリスクの低いビジネスだと前向きに考える。そして**トータルで黒字を出すという意識**です。

■ **意識してほしいこと**

- **赤字の商品は必ず出ることを想定し、それらを減らす努力**
- **１００がゼロになることはないリスクの低いビジネスだと前向きに考える**
- **トータルで黒字を出すという意識**

⚠ リサーチの時間は無駄ではない

☑ 1つのリサーチは未来の利益につながっている

Amazon輸入を実践するにあたり、「リサーチをして損はない」ということだけは確実にいえます。私自身、まったく計算はしていませんが、今までにおそらく数百時間のリサーチを行ってきたと思います。その中で常に持っておいたほうがいいものとして「今リサーチしている時間は将来的に役に立つ」という意識があると思っています。

もしも売れている商品を見つけたあとに価格差がなく、競合セラーも多いことがわかった場合、あきらめて何事もなかったかのように次の商品のリサーチに移っていくのは非常にもったいないことです。

特に、たとえばプライスチェックなどで「常に売れ続けているような商品」は、その時点で価格差がなかったとしても、再びかなりの価格差が生じるということが大いにあり得ます。同じように競合が減り、いつのまにかFBA出品者がほとんどいなくなった……そんなこともザラに起きます。定期的に自分がストックしておいた商品群を見てみると、ある程度の価格差が生じ、競合が少なくなっている商品というのが必ず出てきます。数カ月前などに「とりあえずExcelに入れておいた商品」が報われた瞬間です。

Amazon輸入の実践を続ける以上、リサーチの時間というのは膨大なものになっていくはずです。その時間を将来的に、未来を見据えて有意義なものにするという意識を頭の片隅に入れておくと、リサーチに費やす時間も決して無駄ではないものに感じることができるはずです。

☑いつの間にか「目利き」力がついてくる

「この商品は見たことがある」というのも非常に大きいポイントです。

リサーチをすればするほど「見たことのある商品」は確実に増えていくので、それらをチェックする必要がなくなっていきます。

また、延々と商品群を見ている時間、地道な作業の積み重ねは、やがて「目利き」にもつながっていきます。

つまり、リサーチを行っていく時間に比例して効率がよくなり、「楽」になっていくわけです。

そう考えると、リサーチに励む心がまえも変わっていくはずです。

リサーチに費やしているすべての時間は、いずれ必ず報われるのです。

⚠ またゼロからはじめるとしたら

最後に、もし自分がまたゼロからAmazon輸入をはじめるならどうするかを書いてみます。

☑ ❶ まずはセラーリサーチを徹底的に行う ⬇ 商品リサーチに着手する

まずは、**Amazon**への出品者登録や転送業者との契約などは何も行わず、とりあえずは「リサーチ」に注力します。日本の**Amazon**の検索窓で「並行輸入」や「**import**」といったキーワードで検索をかけ、出てきた商品を扱っているセラーをチェックして「明らかに輸入品をメインに扱っているセラー」を**Excel**にリストアップします。その数、最初は50〜100セラーくらいでしょうか。まだ商品リサーチはしません。とりあえず、セラーのリストだけ集めます。

集めてからはじめて商品リサーチを行います。日本での販売価格が5000円以上のものを中心に探していくと思います。セラーリストがある程度たまっていれば、100種類くらいの商品は見つかるはずです。

☑ ❷ さまざまな契約をする

それくらいの仕入れ候補を見つけてからはじめてさまざまな契約を行い、クレジットカードの締め日の翌日を待ちます。

☑ ❸ そして一気に仕入れる

そして、今までにリサーチしてためたリストの商品群の中で、「利益が取れる状態」の商品を一気に仕入れます。

利益が取れなくなっている商品に関しては、そのときはキッパリとあきらめましょう。やがてその商品を仕入れるときはくるはずです。

仕入れや転送と並行して、またセラーリサーチ、商品リサーチを行い、さらに多くの商品を見つけておきます。新規のクレジットカードも申請しておき、枠を増やしておくのもよいでしょう。

☑ ❹ 仕入先リサーチに着手する

1カ月に2回、つまり2週間に1回のペースで仕入れを行えるようになってくると、かなり「売上」が安定してきます。そして、自分が扱っている商品の中で「売れる商品」というのもある程度わかってくるころです。

そのような状態になってからはじめて「仕入先リサーチ」を行います。つまり、**売れる商品をどこかでさらに安く仕入れることができないかを探していく**わけです。

また、売れている商品をこまめに「**The Camelizer**」に登録していると、**Amazon**からも安く仕入れることができるようになっているはずです。

まとめると次の順番となります。

■ またゼロからはじめるとしたら

❶ セラーリサーチと商品リサーチ
❷ 各種登録作業
❸ 実際の仕入れと資金力の増強
❹ 仕入先リサーチ

実践開始から2カ月目以降は「❶・❸・❹」を繰り返していくことになります。

一見、大変なように見えるでしょう。たしかに、最初はかなりの時間を費やすことになります。

しかし、Amazon輸入は、やればやっただけ結果が出ます。

さらにこのような過程を繰り返していくと商品の種類が増えていくので、確実に「楽」になっていき、作業時間自体は減っていくことになります。

その事実を理解し、スタートアップの段階では、ぜひともこのビジネスに一点集中でがんばってみてください。

みなさんの成功と、自由な時間の形成を心から祈っています。

コラム

PC1台さえあれば世界を旅することもできる

◆あとは実践あるのみ！

ここまでこの本を読んでくださったあなたは、すでにAmazon輸入のおおまかな流れがイメージできていることでしょう。あとは実践あるのみ、そして結果を出すのみです。

結果を出したあとには、「利益」というものの先に大きな可能性が広がっています。利益が出せている以上、あなたには「モノを売る力」が備わっているのです。モノを売るというフィールドは、なにも「アメリカ→日本のAmazon」だけではありません。ヨーロッパから、中国から、そして逆に日本から海外へ……さまざまなやり方で、自身のモノを売るというスタイルを発展させていっている人がたくさんいます。

あなたもその一人になる可能性は十二分にあるのです。

◆パソコン１台あれば世界のどこにいてもいい

想像してみてください。あなたの構築した一つひとつのモノの流れが、世界を駆け巡っている姿を。そしてそれを動かしている自分を。素晴らしいことだとは思いませんか？

さらに言えば、世界のどこにいても、パソコン１台さえあれば自分が構築したその流れを動かし続けることができます。

どこにいてもいいんです。家にいてもいいし、喫茶店でコーヒーを飲みながらやったってかまわない。それこそ南国のビーチで、ハンモックに揺られながらパソコンをいじっていてもいいんです。

最初は軽い気持ちで副業からスタートし、大きな利益を上げて独立した先人たちは無数にいます。

あなたも、そのあとに続いてください。やればやっただけ結果の出る世界であることは、私が保障します。

付録

「Amazon輸入 副業入門」チェックシート&テンプレート集

◉ 付録に掲載されているチェックシート&テンプレートは、下記サイトからほぼ同様のものがダウンロードできます。

ダウンロードサイト

http://www.sotechsha.co.jp/sp/2009/

❶ 優先すべきセラー探索シート　～検索条件の入力～

☑	❶ カテゴリー	日本のAmazonで自分の興味があるカテゴリーを選ぶ
☑	❷ 検索条件	検索窓に「並行輸入品」「import」「日本未発売」などの文字を入れる
☑	❸ 商品選定	まずは自分が気になった商品を選ぶ
☑	❹「新品の商品：●●」	商品画像の右側に「新品の商品:30」などと表示されるので、ここをクリック
☑	❺ セラー表示	その商品を「新品」で出品しているセラーが価格の安い順に表示される
☑	❻ 目印	「AMAZON.CO.JP配送センターより発送されます」の表示と「Prime」のマークが優先すべきセラーの目安
☑	❼ ストアページに飛ぶ	セラー名もしくは店舗ロゴをクリックして、そのセラーのページに飛ぶ

❷ 理想のセラーを探り当てる

☑	理想のセラー	◉ 商品数：数十種～数百種 ◉ 評価数：100個～1000個
☑	評価をつけてくれる割合	購入してくれたお客様のうち、だいたい20人に1人くらい
☑	昇り調子	直近30日間、90日間の評価数が高い
☑	下り調子	直近30日間、90日間の評価数が低い
☑	ラインナップ	扱っている商品ラインナップを見てだいたいの価格帯、売上金額を把握できる

❸ 無在庫・有在庫セラーの見分け方

☑	無在庫セラー	◉ 商品の出品者一覧に出てくるセラー名、店舗ロゴの下に「AMAZON.CO.JP配送センターより発送されます」とオレンジ色で表示されていない ◉「お届けまで約2週間ほど」と書かれている
☑	有在庫セラー	商品の出品者一覧に出てくるセラー名、店舗ロゴの下に「AMAZON.CO.JP配送センターより発送されます」とオレンジ色で表示されている

❹ 優良セラーの4番打者商品を探す

☑	優良セラーのページ	これまでのリサーチ方法で優良セラーを探し、そのストアページに飛ぶ
☑	商品順を確認する	ストアページを開くと、そのセラーの商品群が「ほぼ、売れている順」に並んでいることがわかる
☑	商品順を確認する	上から順にチェックして、効率よく売れている商品を探す。上位ベスト3の中に4番打者商品が入っている可能性大

❺ ストアページから「商品そのもののページ」への行き方

☑	❶ 全体確認	まずはストアページの全体をざっと確認
☑	❷ 輸入品を扱うセラーを探す	商品のうしろに「並行輸入品」「import」「輸入品」「日本未発売」と書いてある商品が多いセラーを探す。書いていないセラーは見送る
☑	❸ 上の商品から見る	商品の名前か商品画像をクリックしてみると、その商品のページに飛ぶが、このページは「そのストアの商品ページ」であり、「商品そのもののページ」ではない
☑	❹「最近チェックした商品」	左上のAmazonロゴをクリックしトップページに戻る。ページの少し下のほうに「最近チェックした商品」にその商品があるので、それをまたクリック
☑	❺ 商品そのもののページ	すべてのセラーの一覧も見ることができる、商品そのもののページにたどり着くことができる

❻「SmaSurf」の設定

☑	SmaSurfをインストール	Google Chromeの右上「設定」から「拡張機能」へ進み「SmaSurf」を検索、インストールする
☑	「アイテムクイックを表示する」	Amazonで商品ページを開いたとき、右下にオレンジ色で「SmaSurf設定」と表示される。ここにカーソルをあわせ「アイテムクイックを表示する」にチェックを入れる
☑	3つの項目にチェック	アイテムクイックの一覧が表示されるので「Amazonアメリカ」「Price Check」「ＦＢＡ料金シミュレータ」にチェックを入れて、一覧の右上「★」のマークをクリック
☑	4つのタブが表示	日本のAmazonの商品ページのタブのほか、アメリカAmazon、プライスチェック、ＦＢＡ料金シミュレータの3つのタブが開かれる

❼「プライスチェック」の設定

☑	見るべき個所	上から「ランキング変動グラフ」「新品価格変動グラフ」「中古価格変動グラフ」の順に並んでいるが、見るべきところは「ランキング変動グラフ」
☑	グラフの見方（1）	グラフが１回上昇している場合、商品が１個以上売れたと推測できる（１日に複数個売れたとしても上昇は１回）
☑	グラフの見方（2）	たとえば３カ月で約15回の上昇がある場合、その商品は１カ月でおよそ５回売れている商品
☑	グラフの見方（3）	右側へいけばいくほど「直近」の表示になる。たとえば右肩上がりのグラフになっている場合は、その商品は最近特によく売れていることになる
☑	商品の選び方	３カ月で３回しかグラフが上昇していない商品などは仕入れを避け、できるかぎりグラフの上昇回数が多い商品を選ぶ

❽ 競合セラーの数を確認する

☑	見るべき個所	商品ページを開くと、商品画像の横に「新品の出品：13」の表示を確認する
☑	「新品の出品：13」をクリック	その商品を出品しているセラーがズラッと表示される
☑	FBAセラーを見つける	セラー名か店舗ロゴの下に「AMAZON.CO.JP 配送センターより発送されます」と書いてある場合、または商品価格の下に青字で「Prime」と表示されている

❾ FBA料金シミュレーターの使い方

☑	「商品代金」を入力する	「ＦＢＡ発送の場合」の「商品代金」のところに、自分が販売を予定している価格を打ち込む
☑	「計算」をクリック	「計算」というオレンジ色のボタンを押す
☑	Amazonからの入金額を確認	下のほうに緑色で価格が表示される。これが予定している価格で売ったときのAmazonからの入金額。ここから仕入れ価格や転送料金などを引いたものがそのまま利益となる
☑	大型商品の確認	「出荷作業手数料」が540円になっているものは大型商品の扱いになる（※）

※2014年10月に手数料変更（P129参照）

■ ⑩ ASINコードが一致しない場合

☑	**エラーが表示される**	ASINコードが一致しない場合、アメリカAmazonのページに「Looking for something?」とエラーが出る
☑	**売れている商品か確認**	プライスチェックやランキングなどを見て、「そもそも売れている商品なのか」を確認
☑	**トップページに飛ぶ**	売れている場合はAmazonのロゴなどをクリックして一度トップページに飛ぶ
☑	**あらためて検索**	日本のAmazonに表示されている商品名をコピーし、アメリカAmazonのトップページの検索窓にペースト、日本語の部分を消して検索をかけていく
☑	**商品名が日本語のみの場合**	商品名に日本語しか使われていない場合、商品ページの画像やページの下にブランド名や型番の英語表記が載っているのでそれをもとに検索をかけてみる
☑	**同じ商品かどうか見極める**	探してみて似たような商品がいくつか出てきた場合は、型番やサイズ、色などをしっかりと確認し、「本当に同じものであるのか」を見極める

■ ⑪「The Camelizer」の活用

☑	**価格の推移を表示**	The Camelizerを開き、緑、青、赤とグラフが表示される。赤と青のチェックを外す。これで「Amazon.com」の新品価格の推移だけを表示することができる
☑	**1年間の表示に変更**	「Date Range」を「1y」にすることで、ここ1年間の表示に変更する
☑	**価格を登録する**	自分が使いやすい状態にしてから「ここ数カ月で一番価格が下がった価格」などを登録する
☑	**アラートメールが届く**	売れている商品を登録しておくことで、商品が設定価格になるとアラートメールが届き、安い価格で仕入れをすることができる

■ ⑫ キーワードリサーチ

☑	**有効なキーワード**	キーワードリサーチ。135頁の「有効なキーワード一覧」の言葉を使って検索してみる
☑	**好きな分野**	まずは「自分が好きなジャンル」から攻めていく
☑	**並べ替え**	ページ右上の「並べ替え」でいろいろと並べ替えを試してみる
☑	**価格帯を絞る**	ページ左側の「価格」に数字を入力することで、任意の価格帯を表示することもできる。このような並べ替えも駆使して、効率よくリサーチを進めていく

⑬ 実際に仕入れてみる

☑	**どこから仕入れるか？**	「Amazon.com」「FBAセラー」から仕入れる。FBA出品者はセラー名に「FULFILLMENT BY AMAZON」、価格に「Prime」と表示されている
☑	**アメリカのAmazonで見るポイント**	◉ セラーの評価 ◉ 商品のコンディション説明（コメント） ◉ 発送元
☑	**優先すべきセラー**	◉ Amazon.comとFBAセラーが競合しているとき、価格が変わらない場合は品質も安心の「Amazon.com」から仕入れる ◉ Amazon.comが出品していない場合は安い理由だけで仕入れてはいけない。しっかりと「そのセラーはよいセラーであるか」を確認する。そのときの目安となるのが「評価数」と「高い評価の割合」
☑	**何個仕入れるか？**	ASINコードが違う商品を仕入れた場合などに「違う商品である可能性」があるから最初は1個で様子を見る。商品自体に何か問題があったとき、1個しか仕入れていないのであればダメージを最小限に抑えられる。どんなに売れている商品でも、最初の仕入れは1個に留めたほうがいい
☑	**購入個数制限がある商品**	「数量」という意味の「Qty」で個数を選ぶときに一定の数しか表示されないときはその個数までしか購入ができない。一度限界の個数まで購入すると1週間はその商品の購入はできなくなる。このよう商品は「売れている商品」の可能性が高い
☑	**Primeの推奨**	最初の30日間は無料、年間79ドルで利用できる。それぞれの商品の到着が通常よりも早くなるためAmazon輸入に大事な「スピード」重視ができる

⑭ 購入手続き

☑	**日本に直送する場合**	出品名の下に「International & domestic shipping rates and return policy.」と「Domestic shipping rates and return policy.」と書いてある場合がある。「International」は日本への直送が可能
☑	**住所表記の順番**	「東京都港区赤坂1-2-3」は「1-2-3 Akasaka Minato-ku Tokyo-to」になる
☑	**送料も含めた価格の合計**	決済直前のページまでいくと送料も含んだ価格の合計が表示される。セラーによって日本への送料が異なるので商品代金と込みでいくらかかるのかを早く知りたいときは、決済直前のページまで進める

⑮「MyUS」の利用方法

☑	メリット	◉ 日本直送ができない商品を送ることができる ◉ 商品をまとめて送ることで「送料のダウン」が見込める
☑	登録	STEP 04（54ページ）を参照
☑	届いた商品を確認	MyUSの「MY ACCOUNT」の中の「INBOX」からさまざまな確認ができるようになっている
☑	エラーが出たとき	いろいろと試みてダメな場合はMyUSページ上部の「Contact Us」から問いあわせをしてみる
☑	推奨するオプション	◉ Fragile stickers（2ドル）:「割れ物注意！」というシール。このシールをそれぞれのダンボールに貼ってもらうことで、少しでも扱いを丁寧にしてもらえる ◉ Add extra packing（5ドル）: 緩衝材。商品と商品の間にできた隙間にプチプチや新聞紙などを入れてもらうことで、商品の破損を最小限に食い止められる
☑	返品	◉ アメリカAmazon、FBAセラーから商品を仕入れた場合はAmazon注文履歴から返品したい商品を選び「UPS drop off」を選択し返送ラベルを発行、そのラベルを添付してMyUSにメールを送る ◉ 自己発送のセラーから商品を仕入れた場合「返送ラベル」は自動的には発行されず、セラーから発行してもらう。「商品を返品したいので返送ラベルを発行してください」とセラーに連絡をしてみる

⑯ 商品登録4つの手順

☑	「コンディション説明」で差別化	「コンディション説明」でライバルと差別化を図る。同じ価格で「新品未開封」としか書かれていないセラーと、丁寧にコンディションを書いているセラーでは雲泥の差がある。「並行輸入品です」と書くのはAmazonの規約上NG
☑	販売価格	FBAセラーの最低価格と同等か少し上の数字を入力しておく。自己発送セラーと同じ価格にしてしまうとFBAセラーのメリットを活かせないので必ずほかのFBAセラーの価格を目安に設定する
☑	在庫の設定	FBAセラーであれば「0」と入力。在庫が納品され次第、商品は自動的に出品されていく
☑	出荷方法	「商品が売れた場合、Amazonに配送を代行およびカスタマーサービスを依頼する（FBA在庫）」を選択。この設定を保存しておくとほかの商品の登録時にも自動的にこちらが選ばれる

⑰「FBA納品手続き」の手順

☑	発送元設定と数量の入力	セラーセントラル上部の「在庫」の中の「在庫管理」を選び、自分が納品したい商品の左のチェックボックスにチェックを入れていく。 「新規に納品プランを作成、または既存の納品プランに追加しますか？」というページで、自宅から発送する場合は自分の住所を、納品代行業者を使う場合はその住所を入力する。 「梱包タイプ」という項目は「個別の商品」を選んでおけば問題ない。 「外箱で梱包された商品」という項目は1つの商品を1度に数十個や数百個など送る際に使います。 次に、画面上部の「変更」の中の「Amazonから出荷」を選び、「在庫を納品する」をクリックする
☑	商品サイズによって配送先は異なる	「大型商品」などは「サイズ」欄に「大型サイズ」と表示され配送先が別になる「ラベル貼付」は有料でAmazonがやってくれるサービスもあるが「出品者」を選択する
☑	商品ラベルと配送ラベル	商品ラベルを印刷、またはPDFファイルにして保存。サイズを選び「ラベルを印刷」をクリック。 次のページで納品する倉庫の数だけ納品IDが作成されている。「標準サイズ」と「大型サイズ」の2つの納品先がある場合などは納品IDは2つになる。 「納品を確定」をクリックして次のページに進む。 倉庫別に「納品作業を続ける」ボタンを押して手続きを進める。「配送業者」は決まっていれば入れる。 「箱の数」「トラッキングID」はわかれば入力する

⑱ 自己納品時の注意

☑	メリット	仕入れから荷物の到着、状態確認、手配、発送まで一連の流れを理解することができる。商品が返品されて改めて納品する場合は自分で納品することになるので、自己納品のやり方も一通り把握しておく
☑	商品ラベルの貼り間違い	特に似ている商品や、サイズや色が違うだけの商品は注意。商品ラベルを間違えて貼りつけてしまった場合、1つの商品だけではなく、ほかの商品のラベルも間違っていることを意味する
☑	納品先確認	納品先の倉庫がちゃんとあっているかどうか、発送前にもう一度確認する。標準サイズ、大型サイズなど納品先はほとんどの場合異なる。間違えて発送してしまうと返送されてしまうので注意
☑	サイズ	基本的には1つのダンボールで140サイズ・15kgを大幅に超えないことが求められる。違反すると荷受NGとなる可能性もある

⑲ 自己納品時の注意

☑	自己発送セラーは無視	売れてから商品を仕入れる無在庫セラーも含めFBA出品をしていない自己発送セラーの価格は無視する。自己発送セラーがカートを獲得していた場合は無視して「FBAの最安値」を判断の基準にすることで利益の最大化を図っていく
☑	価格競争につきあうべきか	大切なのは手数料等も含め、自分がいくらで仕入れたのかを把握しておくこと。その把握ができていないのにも関わらず価格競争につきあってはいけない
☑	価格競争の引き金にならない	「最低価格」の欄に表示される緑色のチェックマークが出ているときは毎回商品ページまで飛んで状況を確認。もしこのときに出品しているのが自分だけや、ほかのセラーよりも安かった場合、その価格で売れてしまったらもったいないので価格を上げる
☑	いかに安く売らないか	FBA出品者が自分を含め３人しかいなかった場合、自分が価格を引き上げることでほかの２人がそれに乗ってきてくれたりする。出品しているFBAセラーが自分しかいない場合はいくらまでならカートが獲れるのか上限の価格を探る
☑	価格改定は週に何回行うべきか	平日は気が向いたら、土日はできるかぎり行う。副業で実践している多くの人にとって「時間ができる⇨ 価格改定する」となる。この間に価格が大きく変動していく可能性もあるため動向をチェックしていく。また土日は商品がよく売れるため価格設定には気をつけるべき

⑳ ライバルに差をつける「リサーチの発展」

☑	売れている商品の周辺を探す	いい商品の「まわり」にはほかにもいい商品がある可能性が高い。売れている商品の「周辺」にも売れている商品があるということを常に頭に入れておき、芋づる式にいい商品を見つける
☑	色違いサイズ違い	売れている商品に複数の色やサイズがある場合はそれらも売れる可能性が高い。いい商を見つけたらそれ１つで終わらないこと
☑	最適なページに出品	まったく同じ商品でも商品ページが複数になっていることがあり、その中でも「並行輸入」と書かれているページと、そうでない場合がある。価格、競合出品者の数、ランキング、プライスチェックを吟味して、より良い条件のほうを選ぶ

㉑ リピート仕入れ

☑	**商品は繰り返し売る**	一度利益が取れた商品は、たとえ一時的に価格が崩壊しても、またいずれ利益が取れるようになることが多々ある。自分が一度仕入れた商品に関しては「永遠に売っていく」くらいの気持ちでいい。すでに売ったことのある商品を改めて仕入れて売るということも絶対に忘れないこと
☑	**販売相場の把握**	商品を一度セラーセントラルに登録すると、以後の販売相場の把握が簡単になる。「在庫管理画面」の「設定」から「カートボックス価格」を表示できるようにし「カートボックス価格」を「利用可能時に表示」にして保存。その状態で在庫管理画面を上から見ていき、在庫がゼロのものの中で、「自分が販売した価格をカートボックス価格が上回っているもの」を中心にチェックする。商品価格（販売相場）は常に変動しているので、価格が上がったタイミングで再び仕入れるかどうかを判断していく
☑	**リピート仕入れの個数**	はじめは1個だけ仕入れてみて、売れたら3個、5個と増やしていってもいいのだが、リピート仕入れでも「1個しか仕入れない」という考えでも問題ない。毎回1～2カ月など、あくまでも短期間で売り切れる個数を仕入れるということを意識してリピート仕入れをする

㉒ 仕入れ先を拡大する

☑	**「eBay」を利用する**	世界最大のオークションサイトeBayは「オークション」だけでなく、普通のネットショッピングも行っておりどちらからも仕入れをすることが可能。ここで仮にアメリカのAmazonよりも商品を安く仕入れることができれば、ほかのセラーよりも優位に販売ができるようになる
☑	**Google Shopping**	Google Shoppingの検索窓に探したい商品名を入力。その商品や扱っているショップ数、最安値などが表示される。あまりに安い場合は疑ってかかることも大切。ショップ評価も見られるので参考にする
☑	**PayPalに対応しているか**	PayPalが間に入っていると取引に問題があっても「お金」は保障される。対応していないショップであれば、まずは何か商品を1つ買ってみて何日くらいで商品が届くか、商品の品質に問題はないかをチェックしてみる
☑	**ヨーロッパ仕入れ**	基本的にAmazon輸入では「どこの国からでも」仕入れをすることが可能。少しずつ仕入先を開拓していくことで、右肩上がりに利益は増えていく

あとがき

「パソコン1台あれば、世界を旅しながらでも収入を得ることができる、そんな状態になりたい」

居酒屋でアルバイトをしていた私は、ずっとそんな夢物語のようなことを思い描いていました。

ある日、コンビニで売られていた雑誌の文字に目が止まります。

「副業で月に10万！」「1日1時間の作業で月収30万！」などと書かれていたものでした。

「そんな簡単にできたら誰も苦労しないよ……」

そう思いつつ雑誌のページをめくってみると、さまざまなジャンルの副業が存在していました。

そして、実際に自分の写真まで載せてもらっている人がいます。

「まさか、本当に成功している人がいるのか？」


そこからは、何かをかじっては止め、かじっては止めの日々が続きます。アフィリエイトやドロップシッピング、さらにはFX……しかしどれも結果は出ませんでした。そんな中、ヤフーオークションからAmazonへ商品を転売するという方法でわずかな利益を出すことに成功します。

「何かモノを売るということは実は堅いんじゃないか？」

そう感じはじめた矢先、ネットサーフィンをしていた私の目にある言葉が飛び込んできました。

【Amazon輸入】

「輸入……？　輸入ってことは海外で売られている商品を日本で売るということ？」

なんだか現実的ではないと思いながらも、その内容はあまりにも詳しく書かれていました。

「これなら、もしかしたら自分でもできるかも……」

自然とそう思うようになっていきました。

そこからは早かったです。「商品リサーチ」と呼ばれることを行い、各種登録作業をすませ、商品をアメリカから輸入し、日本の**Amazon**で販売しました。すると順調に売上が伸びていくではありませんか。

「ひょっとしたら、これだけで生活できるかも……」

そう思うようになってから1年が経たずして、本当にアルバイトを辞めることができました。

この「**Amazon**輸入」の何が素晴らしいか。それは「商品を実際に見ることも触ることもない」という点です。アメリカから輸入した商品は私たちの自宅に届くことはなく、日本の**Amazon**の倉庫に納品され、そしてお客様のもとへと届きます。つまり、私がずっと思い描いていた「パソコンさえあればなんとかなる」ということを実現できているのです。

今ではノートパソコンを持って、世界を旅しながら作業をすることもできます。会社に束縛されることもなく、誰かの指示で動いているわけでもなく、完全に自分自身の意思で行動し、収入を得ることができているわけです。私と同じように、今までさまざまな副業に手を出してはみたものの結果が出なかったという人は、ほんの少しでも実践してみれば「これならやった時間に比例して確実に結果は出る」ということを実感できるはずです。

この本では、あくまでもパソコン1台ですべての工程を完結させることを前提として話を進めてきました。**あなたに少しでも「自由になりたい」という思いがあるなら、また少しでも「お金に余裕がほしい」という思いがあるのなら、ぜひこの本を読み返してください。そして読むだけでなく実際に「やって」みてください。**

私自身、「**Amazon**輸入」で人生は変わりました。副業として、月収を5万円、10万円とアップさせるのもいいでしょう。私と同じように、ゆくゆくは独立をするというのもいいでしょう。

本書をきっかけとして、一人でも多くの人の人生が良い方向に変わることを切に願っています。

TAKEZO

確実《かくじつ》に稼《かせ》げる　Amazon輸入《ゆにゅう》　副業入門《ふくぎょうにゅうもん》

2014年 6 月30日　初版第 1 刷発行
2014年 9 月20日　初版第 2 刷発行

著　者　TAKEZO

発行人　柳澤淳一
編集人　福田清峰
発行所　株式会社　ソーテック社
〒102-0072 東京都千代田区飯田橋4-9-5　スギタビル4F
電話：注文専用 03-3262-5320
FAX：　03-3262-5326
印刷所　図書印刷株式会社

ISBN978-4-8007-2009-2